★ 探索未知丛书

新闻出版总署向全国少年儿童推荐的百种优秀图书

上海科普图书创作出版专项资助
上海市优秀科普作品

通信奇迹

王明忠 编写

U0305121

少年儿童出版社

序

"探索未知"丛书是一套可供广大青少年增长科技知识的课外读物，也可作为中、小学教师进行科技教育的参考书。它包括《星际探秘》《海洋开发》《纳米世界》《通信奇迹》《塑造生命》《奇幻环保》《绿色能源》《地球的震颤》《昆虫与仿生》和《中国的飞天》共10本。

本丛书的出版是为了配合学校素质教育，提高青少年的科学素质与思想素质，培养创新人才。全书内容新颖，通俗易懂，图文并茂；反映了中国和世界有关科技的发展现状、对社会的影响以及未来发展趋势；在传播科学知识中，贯穿着爱国主义和科学精神、科学思想、科学方法的教育。每册书的"知识链接"中，有名词解释、发明者的故事、重要科技成果创新过程、有关资料或数据等。每册书后还附有测试题，供学生思考和练习所用。

本丛书由上海市老科学技术工作者协会编写。作者均是学有专长、资深的老专家，又是上海市老科协科普讲师团的优秀讲师。据2011年底统计，该讲师团成立15年来已深入学校等基层宣讲一万多次，听众达几百万人次，受到社会认可。本丛书汇集了宣讲内容中的精华，作者针对青少年的特点和要求，把各自的讲稿再行整理，反复修改补充，内容力求新颖、通俗、生动，表达了老科技工作者对青少年的殷切期望。本丛书还得到了上海科普图书创作出版专项资金的资助。

上海市老科学技术工作者协会

编委会

目　录

引　言 ……………………………………………………………………… 1

一、互联网通信 ………………………………………………………… 2

　　一个广为流传的故事 ……………………………………………… 2

　　互联网是怎么回事 ………………………………………………… 3

　　激动人心的一刻 …………………………………………………… 4

　　信息资源的海洋 …………………………………………………… 6

　　"大海捞针"的本事 ……………………………………………… 9

　　不用信纸信封的邮件 ……………………………………………… 10

　　网上聊天 …………………………………………………………… 12

　　电子公告板 ………………………………………………………… 12

　　下一代互联网 ……………………………………………………… 13

　　从互联网走向物联网 ……………………………………………… 15

　　电线上网美梦成真 ………………………………………………… 17

　　智能化网络汽车 …………………………………………………… 18

　　超酷的驾驶享受 …………………………………………………… 19

　　黑客操控网络汽车 ………………………………………………… 21

　　反击黑客 …………………………………………………………… 22

　　太空网络 …………………………………………………………… 22

二、移动通信 …………………………………………………………… 25

　　移动通信的诞生 …………………………………………………… 25

　　移动通信的发展 …………………………………………………… 26

　　移动通信是怎样工作的 …………………………………………… 30

　　手机是怎样接通的 ………………………………………………… 32

为什么会成蜂窝状 ······································· 34

3G 正向我们走来 ······································· 35

未来媒体的主流——手机 ······························ 38

充满想象的 4G ··· 40

三、卫星通信 ·· 43

由设想变成事实 ·· 44

卫星通信的特点 ·· 45

卫星通信是怎样工作的 ································· 48

卫星通信的发展 ·· 52

四、深空通信 ·· 55

人类的深空探测 ·· 55

什么是深空通信 ·· 56

深空探测的纽带 ·· 58

深空通信的特点 ·· 58

最大的深空通信网 ····································· 60

深空通信的未来 ·· 62

五、人体通信 ·· 64

握手＝交换信息 ·· 64

"一触即发" ··· 66

有趣的人体网络 ·· 68

监控健康的传感器 ····································· 70

奇妙的"人体电容器" ································· 70

医疗植体通信 ·· 71

六、GPS 卫星全球定位系统 ·························· 74

GPS 是怎么回事 ······································· 76

GPS 系统的"本领" ··································· 79

如何定位 ·· 80

GPS 系统的组成 ·· 83

GPS 系统的不足 ·· 85

竞争的格局·· 86

七、量子通信··· 92

什么是量子通信··· 93

微观世界里的量子态 ······································· 94

神秘的"量子纠缠" ······································· 95

无形的"量子信道" ······································· 96

奇特的"量子叠加"特性 ··································· 98

量子密码通信·· 100

量子通信的特点·· 101

量子通信的进展·· 103

八、未来的信息化社会······································· 105

电视会议·· 105

轻松购物·· 107

"下载"商品··· 108

体验 3D 打印··· 109

未来的网络大学·· 110

"身临其境"的娱乐 ······································· 112

测 试 题 ··· 113

引　言

在今天的信息社会里，信息、物质和能源构成了人类社会的三大资源，但信息只有通过传递交流才能体现它的价值。以快速、准确传递信息的通信科技已经承担起引领信息社会建设的重任。同时，它又是推动人类社会文明、进步和发展的巨大动力，更是信息时代的生命线。

近几十年来，由于微电子技术、计算机技术、自动控制技术和数字信号处理技术的飞速发展，现代通信发生了革命性的变化。互联网通信的诞生和应用，已经影响到全球各个领域，并正在改变着人类社会的发展模式。正当第三代移动通信快速向我们走来，第四代移动通信又横空出世。随着空间技术的开发与应用，太空探测正不断升温，从而有力地促进了深空通信的发展……随着通信的迅速发展，惊人的奇迹层出不穷。

值得指出的是，以微电子技术为基础的上述通信方式，都是属于宏观的范畴。但是，随着信息爆炸式的增长和信息交流的迫切需求，传统的通信方式已无能为力，并处于其发展的极限。因此，人们只能从微观世界着眼，以探索更新更好的通信方式，这就是微观世界的粒子通信，例如量子通信。在可以预见的未来，传统的宏观通信，将要面临粒子通信的挑战，特别是量子通信的挑战。通信技术的发展，必将把我们引向一个令人向往的未来新世界。

一、互联网通信

互联网的发展至今已大大地改善了人们的通信及生活方式，许多技术让发明互联网的科学家也始料不及。

一个广为流传的故事

1995 年 3 月初的一天，清华大学 92 级的学生朱令同学突然患病，陷入昏迷状态，生命十分危险。学校立即将朱令同学送进北京协和医院。可是住院一个多月了，医院仍旧查不出他生病的原因，病情没有一点好转。老师、同学都十分担心。

当时，朱令的同届高中同学贝志诚恰在北京大学读书。他知道朱令同学病重的消息后忧心如焚。为了尽快找到朱令的病因，他和另外几位同学商量，决定求助互联网。于是他们迅速将报刊上发表的有关朱令同学的病症报道，全部译成英文，然后通过互联网向世界发信，争取各国医学专家的帮助。

就这样，一个令人震惊的奇迹发生了！当贝志诚等同学将描述朱令同学病情的信息发出以后，仅仅过了 3 个小时，就收到了回信。之后，又陆续收到回信达 1500 多封，其中 30% 的回信认为，朱令同学的病因是"铊"中毒。

究竟是不是"铊"中毒呢？我国"铊"中毒课题研究专家陈震阳教授经过细心诊断，最后认定该病确是因"铊"中毒而引起的。

病因找到了，就可以对症下药。经过全力抢救，昏迷了长达 6 个月的朱令同学终于脱离了危险，康复出院。

这件事情曾经轰动一时，成为一个广为流传的故事。故事给人们留下了深刻的印象，也让人们感觉到了互联网的力量。

互联网是怎么回事

那么，究竟什么是互联网呢？它从何而来？为什么它会有今天这样的发展？

在介绍互联网之前，必须先了解一下计算机网络。

所谓计算机网络，是指利用相应的软件和硬件，将几台计算机互相

连接起来，组成的一个能相互通信，并且实现信息资源共享的网络。网络内各个计算机中的信息都可以相互查阅和应用。

这样，我们不难想象，当无数的局部计算机网络都相互连接，并扩展到全国、全世界，就能形成一个更大的、全球性的网络，此时人们就能共享更多、更丰富的信息资源。这样的网络就是互联网。

互联网所拥有信息资源非常丰富，非常庞大，就像取之不尽的信息海洋，大到不可想象。

激动人心的一刻

1965 年 10 月，美国科学家罗伯茨成功地将学院里的一台 TX-2 小型电脑，以电话线传输和声音调制方式，连接到千里之外的加州圣莫尼卡，与另一台 Q-32 大型机实现了远程通信。正是这次成功的尝试，罗伯茨才被调到美国国防部高级研究规划署 (ARPA)，主持阿帕网的联网项目，从而催生了互联网络。

互联网起源于阿帕网，整个

罗伯茨教授

克兰罗克教授

过程充满了传奇彩色，有许多鲜为人知的轶闻趣事。

1969年8月30日，由美国BBN公司制造的第一台"接口信息处理机"IMP1，在预定日期前两天运抵美国加州大学洛杉矶分校。克兰罗克带着40多名工程技术人员和研究生进行安装和调试。10月初，第二台IMP2运到阿帕网试验的第二节点斯坦福研究院。

经过数百人一年多时间的紧张研究，阿帕网远程联网试验即将正式实施。

洛杉矶分校由IMP1联接的大型主机叫Sigma-7，与它通信的是斯坦福研究院大型主机。10月29日晚，克兰罗克教授命令他的研究助理查理·克莱恩坐在IMP1终端前，戴上头戴式耳机和麦克风，以便通过长途电话随时与斯坦福研究院终端的操作员保持联系。

据克莱恩回忆，教授让他首先传输的是5个字母"LOGIN"（登录），以确认分组交换技术的传输效果。根据事前约定，他只需要键入"LOG"三字母传送出去，然后由斯坦福的机器自动产生"IN"，合成为"LOGIN"。22点30分，他带着激动不安的心情，在键盘上敲入第一个字母"L"，然后对着麦克风喊："你收到'L'吗？"

"是的，我收到了'L'。"耳机里传来斯坦福研究院操作员的回答。

不过，当克莱恩键入第三个字母"G"时，IMP 的传输系统突然崩溃，通信无法继续进行下去。这就是世界上第一次互联网络的通信试验，虽然仅传送了两个字母"LO"！但它真真切切标志着人类历史上最激动人心的那一刻到来！从此，人类社会跨进了网络时代。

信息资源的海洋

在今天信息爆炸的时代，书籍已经不是信息的唯一来源，特别是互联网的应用，使得一般人足不出户，便知天下大事。

上网看新闻

互联网的接入

在互联网上，在任一个综合性网站上，都设有新闻网页。互联网上的新闻非常及时，国内外发生的重大新闻，网上立刻就能看到，并且经常更换新的内容，因而互联网上的新闻总是最新的。

互联网上的新闻丰富多彩，形式多样，生动活泼。因为互联网上的新闻除了文字

网上的电子图书城

信息之外，一般还会附有相应的图片，甚至是视频图像资料。因而阅读互联网新闻非常直观、生动，能引起人们的兴趣。另外，你还可以利用"搜索"功能来搜索你感兴趣的新闻信息。

可见，互联网具有的优势是传统的报纸所无法拥有的。

丰富的教育资源

在互联网上设有许多专业性的教育网站，提供了丰富多彩的教育咨询。其中，有关青少年教育的网站，是以不同的年龄段来设置的。例如雏鹰网，其主要服务对象为 7 ～ 15 岁的孩子。该网站不仅可以提供新闻、游戏、聊天、卡通，以及外语教学等信息，而且还能提供信息技术、文学艺术、自然科学、旅游观光，以及音乐等教育节目。

在互联网上，你还可以看到许多学校的网站。这些网站都详细提供了学校的背景、专业设置等信息，从而为你了解将要报考的理想学校提供了丰富的资料。

还有，假如你特别喜欢英语，那么互联网将把你带进一个学习英语的大课堂，在这里你可以看到许多生动活泼、新颖多样的英语教材，就像进入了一个丰富多彩的英语世界，为英语学习增加了无限的情趣，从而能轻松学好英语。

网上的电子图书城

自古以来，要读书就要有书。通常，我们要想品味一下名篇名著，以感受一下文学的魅力，或是寻找一本学习参考书、一本有趣的科普读物，一般总得去图书馆借阅，或到书店购买。但是现在不同了，因为互联网上设有网上电子图书城。它比图书馆的藏书数量大得多，而且内容丰富，形式多样。

在网上电子图书城中，不仅包揽了许多知名图书馆的藏书，而且还设有许多各具特色的网上书屋和文学站点。因此，在网上电子图书城里，什么样的图书都能找到，不管是数理化方面的，或是文史哲方面的；也无论是古代的，或是现代的；是中国的，或是外国的等等，都应有尽有。同时，你还可以在各个书屋或文学站点阅读书籍和书评，以加深你对该书的理解。

在今天的信息社会里，信息交流已是大势所趋，而互联网则为信息交流搭建了宽阔的平台。因而，一些知名或不知名的图书馆，都纷纷建立了自己的网站，把自己的馆藏图书推上了互联网。这对广大读者来说，既节省了费用，又节省了时间，真是其乐无穷！

"大海捞针"的本事

在互联网的信息海洋中，怎样才能快速地找到你所要的信息？当然，如果你知道要找的信息在哪个网站里，那么只要访问这一网站就能很快找到。假如你并不知道要找的信息在什么网站里，那可真是"大海捞针"了。该怎么办呢？

这时，我们可以应用一种有效的搜索工具——"搜索引擎"。它有"大海捞针"的本事，能够在浩如烟海的信息海洋中快速找到你所要的信息。

所谓"搜索引擎"也是一个网站。它的主要功能是专门为访问者提

供信息查询服务。为此，它借助于一种特别的软件，就是绰号为蜘蛛或机器人的网页搜索软件，它能收集互联网上几乎所有的信息并进行分类和储存，以便用户能快速地找到所要的信息。

与一般的网站不同，"搜索引擎"的主要工作是：自动查询 Web 服务器的信息，并进行分类、归纳、编制索引，同时把所编制的索引内容存放到数据库中，从而为查询信息提供方便。

不用信纸信封的邮件

在互联网上"冲浪"的人，用电子邮件来传递信息，变得非常简捷方便。

电子邮件与传统的信件相比，具有很多优点：不需要信纸、信封、邮票，也无需通过邮局寄出。收、发电子邮件只需支付很少的一点上网费。一封电子邮件，可以在数秒或数分钟内送到全球任何地方的收件人信箱，这是传统的邮件难以想象的。利用电子邮件进行通信，除了文字之外，还可以传送图片，甚至是音频和视频。

那么，电子邮件是如何发送，又是如何接收的呢？

置于人体的隐形电脑

将电脑穿在身上，已不再令人神往。把电脑植入人体组织，使其成为人体的一部分，这可能是一项全新的神奇发明。

不久前，美国科学家史瓦茨向人们描绘了他的隐形电脑应用蓝图。他预计，到2010年会进入无线时代。现在，这个预言果然成为了现实。人们身上携带的手机、MP3随身听、商务通等电子产品，体积会缩小到肉眼几乎看不见，成为一种隐形的人工智慧产品，人们可以随身"穿"着一"台"电脑到处游走。

隐形电脑就像一名高科技的仆人，记录着主人的一切喜怒好恶与人际关系、每日作息时间与行程、个人财务资料等信息。它可以自动帮助主人预定机位和商议价格、在网络上寻找便宜商品、寻找网友、搜寻工作中需要的资料，逢亲友生日时甚至会帮忙挑选礼物，最后把结果与提醒事项显示在我们的眼镜镜片上，而人们却感觉不到电脑的存在。

电子邮件在发送时，先把要发的邮件发送到发信服务器。发信服务器收到用户发送邮件的请求后，就按邮件上收信人的电子邮件地址，将电子邮件发送出去。

在接收电子邮件时，同样也需要一台收信服务器。接收邮件的人必须在收信服务器上租用一个邮箱，它相当于接收者的一个账号；接收的电子邮件被送到对应的邮箱里保存。一旦收件人上网，就能及时看到别人发来的电子邮件。

网上聊天

说起聊天，你就会想到，在节假日里，邀请几位要好的同学或朋友相聚，大家无拘无束、天南海北地聊聊天，那是多么高兴的一件事啊！今天的互联网却能给你提供新的聊天方式，这就是网上的即时通信，俗称网上聊天。

网上聊天其实早在 1996 年就出现了。当时，三位以色列青年，经过自己的艰苦努力，终于研制出世界上最早的"网上聊天"产品。由于网上聊天不仅可以进行文字交流、语音交流，同时还能进行视频交流，甚至还可以为你的同学发送一曲好听的音乐，或是图表和文件等。因此，这一即时通信方式受到网民的热列欢迎。

目前，网上的即时通信可用以下三种方式：WWW 方式的网上聊天；QQ 方式的网上聊天；MSN 方式的网上聊天。

电子公告板

互联网上的电子公告板即 BBS，又称为论坛，具有信息量大、方便快速、交互应用等多种特点。在这里你可以自由地书写你要发布的信息，或是发表你对某一事物的观点和看法，通常称作帖子；更多的人能够看到你的帖子，可以发表批评或者赞赏的评论。你可以及时地看到别人对你的评论。显然，BBS 成为人们展示自己个性和才能的平台，现在已成为互联网上最亮丽的一道风景线。

BBS 早在 20 世纪 80 年代初就出现了，但当时的功能不强。经过发展，现在的 BBS 已经集成了各类多媒体文件，包括图像、声音、影像等，代替了过去仅有文字信息的 BBS。

IP 是什么

　　IP 是英文"Internet Protocol"的缩写,意思是"网络之间互连的协议",也就是为计算机网络相互连接进行通信而设计的协议。在互联网中,它是能使连接到网上的所有计算机网络实现相互通信的一套规则,规定了计算机在互联网上进行通信时应当遵守的规则。任何厂家生产的计算机系统,只要遵守 IP 协议就可以与互联网互连互通。正是因为有了 IP 协议,互联网才得以迅速发展成为世界上最大的、开放的计算机通信网络。因此, IP 协议也可以叫做"互联网协议"。

下一代互联网

　　下一代互联网正在快速向我们走来。它究竟有哪些质的变化呢？对此,我们可以从下一代互联网优势的分析中找到答案。

　　第一, IP 地址资源容量极大。

　　互联网为了实现计算机相互之间的正常通信,必须制定一套共同遵守的信息传输格式,以及信息管理的具体规定。所有这些,一般称作为网络协议。

　　互联网经过十多年的发展,所形成的互联网协议叫做 IPv4,通俗地讲就是互联网协议第 4 版。在 IPv4 中，互联网的 IP 地址容量被规定为 32 位编码，就是 2^{32}。根据计算，它可提供的 IP 地址数大约为 40 多亿个。

下一代互联网采用了第 6 版的网络协议——IPv6。在 IPv6 中，互联网的 IP 地址容量被规定为 128 位编码，也就是 2^{128}，它可提供的 IP 地址数大约是 IPv4 的 2^{96} 倍。IPv6 的地址容量，按保守方法估算，在地球表面的每 1 平方米的面积上，可以分配 1000 多个地址。这样，IP 地址资源面临枯竭的问题可以得到根本性的解决，几乎可以不受限制地分配地址。因此，有人夸张地说，在下一代互联网中，每粒沙子都可以有一个 IP 地址。

第二，网络管理更加完善，网络运行更加安全。

在下一代互联网络中，将会执行更严格的管理规范，特别是将身份识别与惟一的 IP 地址进行对应的捆绑，从而保证了网络运行安全，对于防止黑客、病毒的攻击更为有效，更有章可循。

第三，信息传输更加快速。

与现在的 IPv4 相比，下一代互联网络的信息传输速率要提高约 1000 倍。这样的传输速率相当于每秒钟可以传送 15 个 VCD 光盘所存储的信息。多快啊！

第四，人们的独立个性在网上更加强劲。

在 IPv4 中，人们在互联网上只是一位观众，一位看客。而在

14

下一代互联网中，人们将从观众席走向舞台并且变成了舞台上的主角。

从互联网走向物联网

随着数据追踪技术的发展以及传感器的改进，互联网已开始走向下一个发展阶段——物联网。

物联网，被称为继计算机、互联网之后世界信息产业发展的第三次浪潮。物联网的概念是在 1999 年提出的，即通过射频识别（RFID）、红外感应器、全球定位系统、激光扫描器等信息传感设备，按约定的协议，

知识链接

无线光通信

无线光通信又称自由空间光通信，它以激光作为信息载体，不需要任何有线信道为传输媒介，可用于空间及地面间通信。其传输特点是光束以直线传播。

无线光通信技术开始以小功率的红外激光束为载体在位于楼顶或窗外的收发器间传输数据。这种红外光不伤眼睛，传输距离受气候条件影响，从几百米到几千米不等。

在采用激光在空气中传播时，无线光通信易受各种气候因素的影响，如雨、雪、雾、强烈日光引起的光的散射等。阳光强烈时，空气温度和密度不均产生的光的散射现象也会使光信号衰减，影响信号传播的质量。

1996 年，美日两国进行了长达三个月的卫星与地面站的光通信实验，研究了大气信道对光通信的影响。在气候干燥少雨之处建地面站，很容易实现卫星对地面站光通信，而地面站之间实现光纤组网，继而实现不同地面的信息交流。

卫星之间采用激光互联技术进行信息传递，与地面的关口站的通信链路由上层卫星负责，采用激光链路；下层卫星负责与小型地面站和移动用户的通信，采用微波链路。

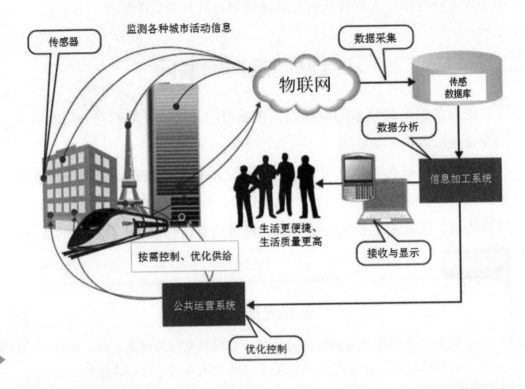

把任何物品与互联网连接起来，进行信息交换和通信，以实现智能化识别、定位、跟踪、监控和管理的一种网络。简而言之，物联网就是"物物相连的互联网"。

物联网的核心和基础仍然是互联网，是在互联网基础上的延伸和扩展的网络。但物联网的用户端延伸和扩展到了任何物品与物品之间，进行信息交换和通信。

物联网和传统的互联网相比，物联网有其鲜明的特征：

首先，它是各种感知技术的广泛应用。物联网上有数不清的各种类型传感器。每个传感器都是一个信息源，不同类别的传感器所捕获的信息内容不同。传感器获得的数据具有实时性，能不断更新数据。

其次，物联网通过各种有线和无线网络与互联网融合，将物体的信息实时传递出去。

第三，物联网不仅提供了传感器的连接，其本身也具有智能处理的能力，能够对物体实施智能控制。

电线上网美梦成真

其实，电线上网是物联网概念的一个分支。

在一幢大楼里，仅仅通过普通的电源插座，联上一个电力线宽带调制解调器，整个楼里所有的计算机都可以同时享用高速网络。这可不是天方夜谭，而是已经在一些国家实现的现实。通过电力在线网这种颠覆性的应用，会实现"三网融合"的梦想。

"电线上网"是利用电线传输数据和话音信号的一种通信方式，把载有信息的高频加载于电流，然后用电线传输。由于家中电器都是连在电线上的，利用电线上网的技术，可将计算机、电话、音响、电冰箱等家用电器连成一体，实现集中智慧遥控，人们可以远程了解和控制家庭内部的电气设备和安全设施。从而实现自动抄表、家庭远程监控、医疗急救、防火、防盗等功能，享用数字化家庭的舒适和便利。

由于每家每户都有现成的电线，用户布网的成本很低，因而应用前

景广阔。目前，美国、德国、奥地利、西班牙、法国等国的电力线通信网路已经开始运营。

智能化网络汽车

智能化网络汽车具有高度智能的车载信息系统，可以与城市交通信息网络、智能电网以及小区信息网络全部连接。从而，实现零交通事故率，并可随时随地获得实时信息。

未来汽车具备 3D 智能导航系统，能与交通设施、其他车辆进行信息交流，自动引导汽车行驶。

将来，随着汽车与汽车间能够进行"交流"，即使危险尚处在下一个弯道甚至更远，驾驶员也能提前识别防范。加上高智能的车辆驾驶系统，车辆如深海中的鱼群快速地游动却能够彼此永不相撞。

过去，汽车的行驶是靠汽油，而未来，汽车越来越离不开信息。虽然目前智能化汽车（简称"车联网"）技术还处在概念性阶段，但随着汽车网络的来临，越来越多汽车企业已经开始着手尝试把 3G 网络与移动通信技术应用到汽车中，如上海通用的 ONSTAR 安吉星服务系统等的人机互动服务系统。

超酷的驾驶享受

网络汽车中的 3G 智能网络系统拥有约 18 厘米的超大电容触摸屏，可以让驾驶者轻松实现"眼到手到"，所有的操作可以全部在屏幕上快速进行。同时，方向盘上还设有使用方便的功能键，帮助驾驶员在行车时更安全的进行操作。

另外，网络汽车依靠 3G 网络、物联网以及云计算的技术，实现无线上网，并且可以实现车与车之间、汽车和网络平台之间的多种信息交换。即使你在车上也能轻松上传、下载各种信息，和其他的车主一起分享。

开车时，听音乐或者听电台相信每个车主最平常不过的事情，但听报纸、听微博、听短信、听小说……你肯定没有试过。但是在网络汽车上，你却可以感受"以听代看"的功能，其内置中文朗读引擎，可以直接将网络文字信息转化为由车辆音响系统播放的语音信息。不仅可以听音乐，而且可以听新闻、听博客、听短信。这样，你差不多可以达到"一脑二用"的境界。

网络汽车提供的服务有：

一、话务员服务：满足车主信息需求。

二、G 路径检索：规避交通堵塞，选择正确路线出行。

三、信息提供：随时随地轻松获得各种信息。

四、远程诊断：掌握车辆信息，提供准确、及时的保养服务。

五、紧急通报：当顾客驾驶途中遇到突发事件，可以帮助其得到及时救助。

六、道路救援：遇到车辆抛锚，帮助顾客获得最快、最有效的救援

七、被盗通知：有效防止盗窃事件，协助警方追回失窃车辆。

八、远程维护：发送定期保养提示，贴心呵护。

未来的汽车，不再是一个简单的行驶机器，而是一个大量应用信息和电子技术、与互联网紧密结合的科技产物。通过新科技打造，让人们在汽车中上网冲浪和自由通信成为现实。

远程信息服务是一种可提供精确交通信息的服务，包括紧急通信功能，能够在发生严重事故时自动发出紧急信号。驾驶员还能在任何时候与"服务中心"联系，获得城市、饭店、电影院、剧院或餐馆等地址和电话号码。驾驶员只需按下按钮就能将这些地址传入其导航系统中。

新一代网络汽车安装有手掌大小的"迷你pod"便携终端，不仅可以作为汽车的遥控车门开关系统使用，还可用作家庭中的个人电脑、家用服务器、数码电视等相连接的终端。

驾驶者一旦接近汽车，它就会以车前灯"眨眼示意"、提高车身高度"起立"、活动轮胎"开玩笑"等表示喜悦的感情。同时还安装有可以实现上述功能的"尾巴"。出现粗暴驾驶时，设置在各个座位的显示器会柔和地显示信息、播放使人放松的音乐。当燃料即将耗尽时，会显示"肚子饿了"的信息。驾驶本身就像在游戏厅的游戏机上一样。没有普通汽车那样的方向盘和加速装置。全部操作可以通过触摸画面，或者通过使用拨号键进行。

黑客操控网络汽车

但是，随着网络的日益发展，网络的安全也正受到前所未有的威胁。新型的网络汽车易被黑客入侵。遭到攻击后，汽车就会被黑客远程操控，

甚至威胁到驾车司机的生命安全。

计算机专家指出，网络汽车的计算机系统一旦受到黑客的攻击，就会变得不堪一击，甚至比个人计算机更容易遭到黑客的进攻。

入侵后，黑客可操控汽车的　车、引擎和导航系统等，给司机带来生命危险。而且据推测，这种黑客入侵车辆计算机的现像不久将会十分普遍。也可以这么说，未来杀人将可在虚拟网络上进行，而不需使用实物，那是一件多么恐怖的事。

两位意大利信息安全专家在美国拉斯维加斯举行的信息安全大会上说，车载卫星导航系统也很容易被黑客远程侵入，并可发送错误的导航信息，导致驾车者"误入歧途"。侵入车载卫星导航系统并非难事，只需要一些天线以及一些很普通的电子器件，就能将传输至车载系统的正常信息拦截，代之以错误的导航信息。

美国一名被车行开除的男子为了报复，上网遥控 100 多辆车行出售的汽车，令受害车主的车无法启动。

反击黑客

福特汽车公司正在开发一种反黑客技术，以抗击未来针对车内无线计算机系统的攻击。

之前，福特公司联合微软公司公布了一款名叫 SYNC 的内置汽车通信及娱乐系统，它支持 Wi-Fi 接入，装载于福特和林肯汽车上。该技术可以实现车内语音命令，新的网络将采用 WPA2 加密，以防止盗用和黑客侵入。

据悉，科学家为了能够早日解决汽车计算机中存在的潜在危机，也正在加紧研究反黑客的新技术。

太空网络

在今后的几十年中，科学家将研制一种太空网络，这将使飞船、卫星、行星探测器间互相能够传递信息给对方，并把最终结果返回地球。宇航员甚至可以在火星上浏览互联网。

太空网络一旦建成，所有这些不同航天器上的信息资源都可以连接到网络上。这些网络中的信息可能有些来自行星表面的探测器，有些来自卫星，有些来自轨道，有些干脆是自由飞行体。

美国国防部将在 2009 年向太空发射一颗携带互联网路由器的卫星。该计划名为"太空互联网路由"，它将让美军实现声音、视频和信息的传递。这颗卫星的覆盖范围将包括欧洲、非洲和美洲。

"太空互联网路由"计划将互联网扩展到太空，从而将卫星系统和地面基础设施结合起来。路由器是一种硬件设备，能够让信息包在网络系统中往返传输。

这项计划通过安装在人造卫星上的路由器来为军事通信提供便利，

它能实现 IP（互联网协议）在太空中人造卫星之间的路由。方法基本上和信息包在地面的传输一样，可以减少信息发送的延迟时间、节省容量并提高网络的灵活性。

目前，借助人造卫星将一条信息从一颗卫星覆盖区的 A 远程终端发送到另一颗卫星覆盖区的 B 终端，首先需要 A 终端将所要发送的数据发射到人造卫星上，从那里数据被转发到卫星覆盖重叠区的一个地球站；该地球站接到数据后，再将数据发射回卫星，最后由卫星将这个数据转

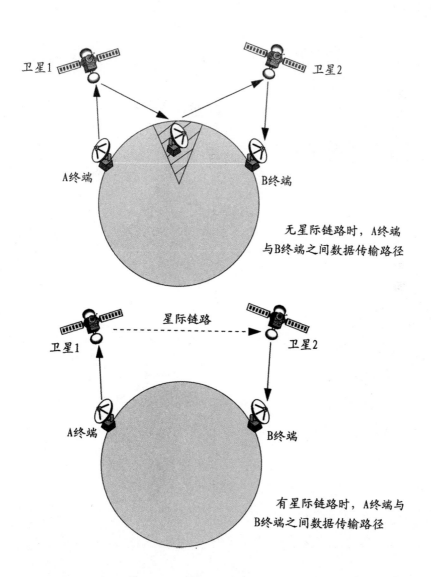

无星际链路时，A终端
与B终端之间数据传输路径

有星际链路时，A终端与
B终端之间数据传输路径

发到 B 接收终端。

如果在太空中安装了路由器，这样卫星之间就有了通信链路，那么卫星就会通过星际链路直接将信息发送到它的目的地。这样，由于省去了信息在卫星和地球站之间来回发送这一环节，缩短了信息在终端之间的传输时间。

我们期望太空网络能早日建成，到那时，我们就可以坐在家里，通过太空网络邀游太空，包括月亮、火星、土星，乃至整个的太阳系。这是多么地令人向往呀！

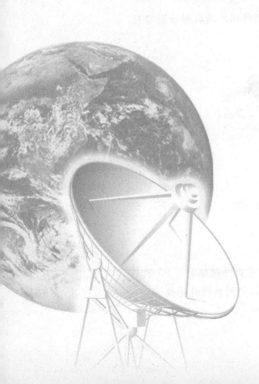

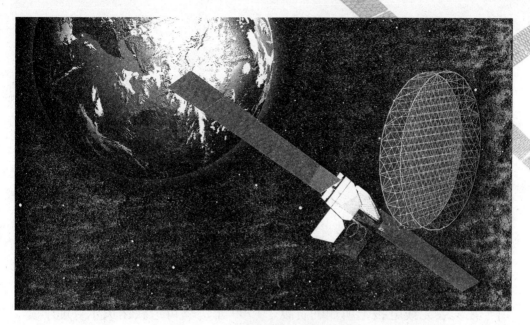

二、移动通信

在 2002 年 10 月初，上海"千里之行户外运动俱乐部"的 8 位大学生去井冈山进行森林探险。可就在 10 月 5 日这一天，他们在井冈山五指峰的原始森林中迷了路，大家又饿又困。怎么办？他们就用随身带着的手机，不停地发出"紧急呼救"的信息。救援单位收到了呼救信息，立即采取了救援措施，大学生们也安全地回到了山下。

移动通信的诞生

移动通信，就是通信双方至少有一方处在移动状态下进行的通信。移动通信可以说从无线电通信发明的那一天就诞生了。它是由物理学家马可尼发明的。

马可尼出生于意大利。1896 年，他带着电台去英国发展。可在登船时，这位少年告诉海员,他的设备是不用导线的电报机。船上的海员都嘲笑他,还随手把电台抛进了大海。

幸运的是,马可尼的发明得到英国官方的支持。1897 年 5 月 18 日,马可尼进行了横跨布里斯托尔海峡的无线电通信试验,并取得成功。这次试验,是在固定站与一艘拖船之间进行的,通信距离为 18 海里。由于此次试验的一端电台架设在拖船上,因此这次试验不仅证明了无线电通信是可行的,同时也宣告了移动通信的诞生。

1899 年 3 月 28 日,马可尼实现了英国与欧洲大陆之间的无线电通信。1901 年 12 月,马可尼又实现了英国与加拿大之间的无线电通信。他的成功在世界各地引起了巨大的轰动,使无线电通信走向全面实用的新阶段。由于在发展无线电报上所作的贡献,1909 年,马可尼获诺贝尔物理学奖。

移动通信的发展

由于技术条件的限制,移动通信在很长的一段时间里未能获得实际应用。然而,人们已经认识到移动通信的必要性和可能性,因此总是努力促进移动通信的发展。

第一代移动通信

第一阶段,可称作第一代移动通信,即 1G(first Generation) 时代。

这一阶段大约是在 20 世纪 70 年代中期至 80 年代中期。移动通信得到了蓬勃的发展,其中最具代表性的是美国贝尔实验室研制成功的先进移动电话系统,这就是世界上第一个蜂窝状移动通信网,大大地提高了移动通信系统的用户数量。1983 年,这一系统在美国芝加哥正式开通。1985 年,英国开发了全向通信系统,首先在伦敦投入应用,后又覆盖全国。

在 1G 时代,移动通信是用模拟方式传输模拟信号,质量较差。手机的体积大而重,价格又极其昂贵,根本无法推广,只有少数富人才能用得起。

发展和成熟时期

第二阶段，可称作第二代移动通信，即 2G 时代。这一阶段是数字移动通信发展和成熟时期。开始时间大约是 20 世纪 80 年代中期。欧洲首先推出了泛欧数字移动通信网。此后，美国也推出了码分多址——CDMA 蜂窝移动通信系统。

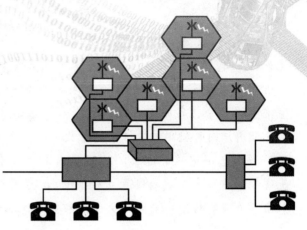

蜂窝移动电话网的构成

知识链接

什么是"蜂窝"网

"蜂窝"网是将移动电话服务区划分为若干个彼此相邻的小区，每个小区设立一个基站的网络结构；由于每个小区呈正六边形，又彼此邻接，从整体上看，形状酷似蜂窝，所以人们称它为"蜂窝"网。用若干蜂窝状小区覆盖整个服务区的大、中容量移动电话系统就叫做蜂窝移动电话系统，简称蜂窝移动电话。蜂窝状网络结构最大的好处是频率可以重复使用，从而提高用户数量。

蜂窝移动电话系统主要由移动台（汽车电话、手机等）、无线基站以及移动电话交换中心组成。每个小区基站均与移动电话交换中心连接，形成一个蜂窝移动电话网。移动电话网还与市内公用电话网以及国内、国际长途电话网相连，使移动电话用户不仅可以与网内的移动电话用户通电话，还可以与更大范围内的移动用户和固定用户通电话。

什么是 CDMA

CDMA 是 "Code Division Multiple Access" 的缩写，意思是 "码分多址"。这是现代通信技术中用来实现信道共享的一种技术。

信道，是指电磁信号的一个特定频率区域，称为频带；也可以是指信号的一个特定时间片段，称为帧。信道共享，就是将同一个信道供多个用户同时使用并保证互不干扰。

如果各个用户的地址，既不是指定的信号子频带也不是时隙，而是信号的一组正交编码结构（码型），这些用户信号也可以同时在同一个信道上传输而互不干扰。这种技术称为 "码分多址"，即 CDMA。

28

在 2G 时代，由于采用了数字技术，实现了数字移动通信，因而话音质量得到了很大的提高。另外，手机的体积和重量越来越小，价格越来越低，通信费用也在逐年减少。因此，2G 通信得到了很大的普及，每种网络都拥有众多的移动用户。

与开放的互联网融合

第三阶段，可称作第三代移动通信，即 3G 时代。这一阶段的开始时间是 21 世纪初。2001 年已有一些国家相继开通了第三代商用移动通信网，宣告了 3G 时代的到来。

3G 通信的最大特点在于：将传统的移动通信与开放的互联网相融合，从而赋予 3G 更多的信息时代的色彩。此时，除了传统的话音通信外，更多的是数据业务，以及多媒体业务。手机已不再是单一的通话应用，而是有更多的新型业务，不仅为 3G 带来了新的活力，而且更受到了广大移动用户的喜爱。例如，手机上网、收发邮件、看手机电视，甚至还能

手机上网

看手机电视

遥控家电。其次，3G 的信息传输速度也有了突破性的提高，与 2G 相比，大约提高了 200 倍。

短信

移动通信给人们带来了方便

第四阶段，可叫做第四代移动通信，即 4G 时代。根据目前移动通信的发展情况，我们估计 4G 时代的开始时间为 2010 年，或许会更早一点。

4G 通信将为我们展现出一个全新的通信世界，一个没有手机的时代，一个信息高速传输的时代。它充满了想象的空间，值得我们期待，更将使我们为之惊叹。

移动通信是怎样工作的

移动通信给人们带来了方便。无论在什么地方，你都可以用手机打电话或接电话，就像坐在家里用电话一样。但是你想过吗，当你用手机通话时，有一个庞大的移动通信系统正在为你服务呢！

移动通信系统主要由三个部分组成，即：移动台（手机）、基站、移动通信网络。

移动台是随身携带的通信工具，是用户最为接近、也最为熟悉的设备。

移动台为用户提供了显示屏、键盘、送话器（或称拾音器）、受话器（或称耳机）。同时，移动台还提供与个人计算机 (PC)、用户识别卡 (SIM) 接口。另外，移动台还能通过无线接口，将移动台接入移动通信的网络。

移动台由手机和用户识别卡 (SIM) 两部分组成。

基站通过无线接口与移动台相连接。移动台通过基站才能与有线用户（固定电话），或无线用户（其他的移动台）之间建立起直接通信。另一方面，基站还与移动通信网络中的移动交换机等相连。

安多县 GSM-R 基站

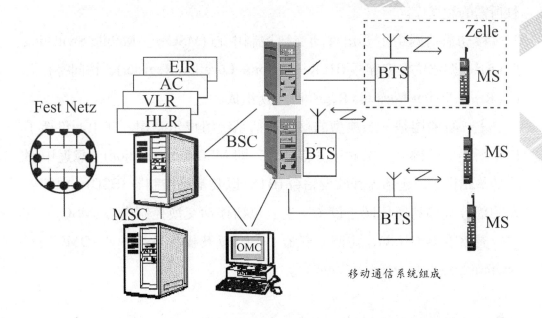

移动通信系统组成

基站主要由传输设备和管理设备所组成。传输设备就是基站的无线收发信台 (BTS)，负责与移动台联系。基站的管理设备就是基站控制器 (BSC——Broadwidth Serve Controller)。它可以管理若干个 BTS，还负责与其他设备联系。另外，基站还能将无线信号转换为有线信号并传送给移动交换机。

移动通信网络的主要功能是：完成移动通信的交换，并管理移动用户与其他电信网络用户之间的通信，同时还要管理用户数据，以及移动

知识链接

什么是用户识别卡

用户识别卡简称 SIM 卡。SIM 卡，是一种带微处理器的集成电路 (IC) 卡，它由中央处理器（CPU）、工作存储器 (RAM)、程序存储器 (ROM)、数据存储器 (EEROM)，以及串行通信单元等所组成。

SIM 卡包含有用户识别信息，存储用户相关数据，存有保密算法和密钥以及个人密码。这些功能，都是建立和维持通信所必需的。

性所需的数据库。

移动通信网络主要由移动交换控制中心 (MSC——Mobile Switching Center)、归属位置寄存器 (HLR——Home Location Register)、访问寄存器 (VLR——Visitor Location Register) 等所组成。

上一页的图是一个典型的移动通信系统组成示意图。其中，包括了以上所述的几部分：图右边是移动台，即 MS(Mobile station)；靠近中部的是基站设备，包括无线收发信台 (BTS) 以及基站控制器 (BSC)；中部靠左的部分是移动通信网络设备，主要包括移动交换控制中心 (MSC)、归属位置寄存器 (HLR)、访问寄存器 (VLR) 以及操作监控中心 (OMC——Operating and Maitenance Center) 等。

手机是怎样接通的

你知道手机是怎样接通的吗？我们可以把手机接通的过程分解为四个阶段，即：开机、待机、主叫、被叫。

开机 打开移动台电源后，移动台开始读取 SIM 卡中的用户数据，并将这些数据发送给最近的基站。基站收到后，根据用户数据中的国际移动用户识别码 (IMSI)，向移动台归属地移动通信网络的归属位置寄存器 (HLR) 进行查询。如果属于合法用户，就分配给该移动台一个临时移动台识别码 (TMSI)。如果该移动台是外地的，那么该移动台还要在访

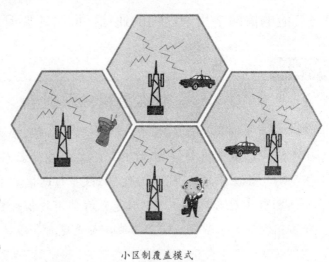

小区制覆盖模式

问寄存器 (VLR) 中进行位置登记。

待机 当移动台开机之后，一般均处于无主叫、被叫的待机阶段。在这一阶段中，移动通信网络根据移动台的情况，实施越区转换，并进行新的位置登记。如果需要可分配一个新的临时移动台识别码。另外，移动台还要保持与最近的基站之间的联系，而移动通信网络则不断地通过一条广播信道 (BCCH)，通知该移动台所在小区信道的忙、闲情况。

主叫 用户在手机的键盘上输入被叫用户的号码，按下发送键，这样就进入了主叫阶段。移动台首先通过随机接入信道 (RACH)，向基站发出接入网络的请求。基站接收后，根据广播信道 (BCCH) 所发布的信道忙、闲信息，为移动台寻找出一条合适的业务信道 (TCH)；再通过寻呼信道 (PCH) 和允许接入信道 (AGCH) 去寻找移动台，找到后立即通知该移动台信道已经分配。然后，基站将被叫用户号码，通过移动通信网络中的交换机，传输给地面公用电话网络，直到被叫用户的电话机；再经振铃、摘机，完成通信线路的建立。

被叫 当移动通信网络接收到对某个移动台的呼叫请求后，首先对归属位置寄存器 (HLR) 和访问寄存器 (VLR) 进行查询，以便找出被叫移动台所在小区，接着便由基站进行后续处理。基站先根据广播信道 (BCCH) 所发布的忙、闲信息，为移动台分配一条合适的业务信道 (TCH)，再通过寻呼信道 (PCH) 和允许接入信道 (ACCH)，以寻找移动台，找到后立即通知该移动台信道已经分配，同时还将振铃信号通过分配的业务信道传送

大区制覆盖模式

给移动台。移动台用户听到来电振铃后，摘机应答。

为什么会成蜂窝状

在移动通信中为什么会有蜂窝状移动通信网？这也是移动通信的特点所决定的。

由于移动通信要求在物体运动状态下保持不间断的通信，只能采用无线电通信方式，因此，在建立移动通信网时，要设法解决一些问题。

首先，是无线电波的覆盖范围问题。移动台要与基站建立无线通信。而一个基站发射的无线电波只能在有限的范围内，这个有限的范围就叫做无线覆盖区。就像我们收听电台的广播节目一样，只有在一定的范围内才能收到，超出这个范围就收不到。在移动通信中，我们把基站的无线覆盖区也叫做服务小区。多个服务小区又可组成一个大的服务区。

其次，是无线电频率的有效利用问题。移动台与基站通信时需要一对频率，例如 f_1 是移动台发往基站的频率，f_2 是基站发往移动台的频率。我们把对应的 f_1 和 f_2 称作频率组或信道组。显然，在大区制移动通信网中，所有的移动台与基站之间的通信频率都是绝对不能相同的。换句话说，在大区制移动通信网中，通信频率是不能重复应用的，否则就会造成严重的同频干扰而无法通信。因此，当大区的用户数越来越多时，所需要的频率也就对应地增加，造成了频率资源的浪费。

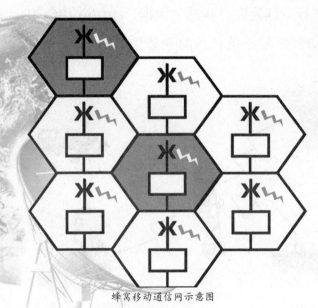

蜂窝移动通信网示意图

为了解决上述问题，一

般采用小区圆的内接多边形进行组合，例如等边三角形、正方形、正六边形等。经过计算比较，内接正六边形的效果最好，因为它能获得最小的重叠区，小区的覆盖面积得以充分利用；同时，所需要的频率组也最少。同时，可以利用空间域的频率复用技术，以解决频率资源少而用户多的矛盾，因而得到了广泛的应用。

利用六边形进行覆盖组合，可以方便地构成一个大服务区的覆盖。由于这样的组合覆盖形状与蜂窝十分相像，人们常称它为蜂窝小区移动通信网。

3G 正向我们走来

20 世纪 80 年代末以来，第二代移动通信获得了巨大的推动和发展。全世界的移动用户数已达 24 亿～ 25 亿，我国的移动用户数也增加到 4.16 亿。

但是，随着科学技术的发展，人们对移动通信也不断提出新的要求；第二代移动通信由于存在着诸多问题，已经无法适应人们的更高需求。

多人联机游戏

存在的主要问题有下面几方面。

标准各异 在第二代移动通信中，由于没有考虑到移动通信标准的融合和统一，因而形成了不同的标准。仅就数字蜂窝移动通信系统而言，就有欧洲的 GSM 标准，英国的 DCS-1800 标准，日本的 JDC 标准；美国情况更为复杂，同时存在着 IS-54、IS-95 等多种标准。因而给移动用户带来了极大的不便。很难想象，为了不受标准不同的影响，一个人必须携带各种不同的手机，或者是多标准手机。这是用户不能接受的。

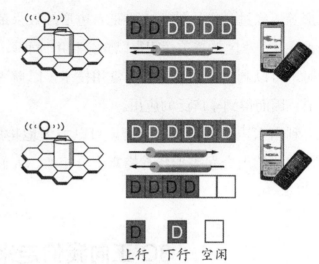

TDD 与 FDD 对信道需求的比较图

频率资源不足 移动台与基站之间的通信是无线通信。因此，当移动用户数快速增长时，对频率资源的需求也就越来越多。而第二代移动通

知识链接

用手机遥控你的家

日本电信电话公司下属的移动电话系统公司新近开发出"手机遥控居家系统"。它将为终日忙忙碌碌的上班族解决不少后顾之忧。

利用这种系统，用户离家外出后，可使用手机通过互联网照顾家中的各种事务，如开关窗户和照明灯、监视人员出入等。如出现问题，家中设备会自动通过电子邮件向主人报警。

信中的频率资源已经不足，无法满足移动用户日益增长的需要，严重影响了移动通信的发展。

信息传输速率低 在第二代移动通信中，信息传输速率较低，只能适应一些低速率的业务，例如短消息、铃声下载、MP3、话音业务、照相功能、单人游戏、位置信息业务、图片下载浏览，以及中低速数据传输等。但是，目前出现的许多新业务，都要求高速传输，例如电视广播、可视电话、视频监控、导航业务、视频邮件、VoIP、照片共享、多人联机游戏，以及高速互联网接入等。

另外，从业务发展来看，移动互联网是移动通信的发展方向，这也要求移动通信具有高速传输的能力。

因此，发展第三代移动通信在当时是势在必行。

零的突破 在第一代和第二代移动通信中，我国一直处于被动的局面，没有自己的话语权。但是，在第三代移动通信的发展进程中，我国通信界终于实现了零的突破，首次提出了具有自主知识产权的第三代移动通信标准——TD-SCDMA。这是中国对第三代移动通信发展所作的贡献。

在征集第三代移动通信标准的过程中，世界各国，特别是发达国家，都竭尽所能地提出自己的建议标准。最后进入评选阶段的共有十几个建

鼠标式手机

手表式手机

议方案。经过分析比较，最终优选了三个建议标准，并确定为主流国际标准。我国提出的 TD-SCDMA 标准就是其中之一。另外两个标准是欧洲和日本共同提出的 WCDMA，以及美国提出的 CDMA2000。

柔屏手机

未来媒体的主流——手机

已经到来的 3G 时代，使得手机由通信工具变身为个人信息服务中心，可能会逐步取代数码相机、摄像机，最终还能取代手提电脑。

据专家介绍，3G 手机是指将无线通信与互联网等多媒体通信结合的新一代移动通信系统。用户可以通过 3G 手机浏览网页、发电子邮件、购物、付账、购票、上网玩游戏，或是寻找想去的商店等。由此，手机上网或许将取代计算机上网，成为未来主要的上网方式。

此外，有不少型号的 3G 手机还自带摄像头，这使得用户可以利用手机进行视频通话或计算机会议，也将使数码相机、摄像机成为一种"多余"。

未来，手机比计算机更普及，比报纸更互动，比电视更便携，比广播更丰富。终有一天，以手机为中心的第五媒体将成为未来媒体的主流。

牙齿里的手机

要不了多久，先进的无线通信技术就可以把手机装到你的牙齿里。

这种新款手机是由美国麻省理工学院媒体实验室的科学家吉米·洛伊兹和詹姆斯·阿格设计的，可以用来接收电台和移动电话发出的数字信号。

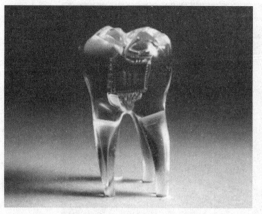

想象一下吧！未来的某天当你的牙齿里装上这种手机之后，你的下颚骨就相当于天线，而你的头则变成了信号接收器。你就可以一边打网球一边接电话，实在是方便至极。

其实，从技术上来讲，这套设备也比较简单，只要把一个微型震动装置和无线信号接收器装到牙齿里即可。普通牙科医生就可以胜任这个工作。

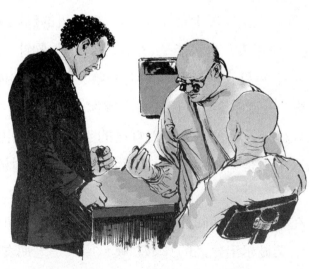

接收到的数字信号转换成声音之后，通过牙齿和骨头的共鸣直接传导到内耳。声音接收系统是经过特别设计的，声音震动处于分子水平，所以只有使用者一个人可以听到，就好像声音是从他们脑子里传出来的一样。

充满想象的 4G

以音乐、视频播放等娱乐功能
为主的 4G 手机

正当第三代移动通信 (3G) 紧锣密鼓地向前冲锋之时，充满想象的第四代移动通信 (4G) 又横空出世，给移动通信界带来了新的推动，也带来了议论的热点：未来的 4G 究竟是怎样的呢？是超越 3G，还是替代，或是对 3G 的补充？

随着时间的推移，人们已经逐步地揭开了 4G 的神秘面纱，对它寄予厚望。

与传统手机不同

在 4G 通信的世界里，你将无法发现 1G、2G 或是 3G 手机的踪影。

未来的 4G 手机可能是一块手表，也可能是一副眼镜、一枚胸针、一个耳塞、一个钱夹，或是一部相机、一款个人掌上电脑、一串钥匙圈，或是一个鼠标、一块鼠标垫、一副手套等。因此要提醒你，在未来的 4G 通信世界里，当你行走在大街上，看见有人朝着自己的手表大叫"中国队加油"时，你切莫认为这个人是精神病发作，因为他正在观看一场国际足球比赛呢！

也许当你戴着眼镜正在聚精会神地阅读，忽然你眼镜腿上的耳机传来了熟悉的声音，眼镜片上又显示出熟悉的身影。噢！原来是老朋友打来的视频电话。此时，你会感到信息时代的脉搏，4G 带来了便利，带来了新意。

这些是梦想还是荒诞离奇？有幸的是，几款 4G 手机的出炉，为 4G 的梦想增添了几分真实。

手表式 4G 手机没有任何操作键盘，而是靠着语音，以及触摸屏的控制来完成所有的手机操作。

柔屏手机更是妙不可言，它具有柔性触摸屏幕，可以自由打开和折叠，就像是一把精制的小扇。

还有一个像是一块鼠标垫。其实不然，这是一款鼠标式的手机。

以上几款 4G 手机，也可以说是 4G 概念手机。这些充满想象力的手机设计，一定会给你留下深刻印象吧！

成为"千里眼"

4G 通信至今没有一个明确的定义。然而，4G 通信是宽带和无线电通信技术的结合却是公认的事实。因此，4G 移动通信可以采用带宽传输，把高度清晰的视频送到用户手上，使"千里眼"变成现实。

2G 通信由于话音传输问题的解决，让"顺风耳"变成现实。3G 虽然迈出了重要的一步，但仍然是延续发展，制定的带宽也十分有限，不可能让许多用户同时享用视频业务，因此称不上真正意义的宽带移动通信。而 4G 的情况就大不相同了。它的带宽是 3G 的 10 倍，频谱的利用率大约也是 3G 的 10 倍，从而在信息的收发总量上是 3G 的 100 倍。只有 4G 才能把"千里眼"变成现实。例如：一个农场的一条奶牛生病了，而兽医又不能赶往农场，这时就可以利用 4G 手机，让远在外地的医生根据传输的高清晰视频，对奶牛进行诊断和治疗。

袖珍影院

4G 通信技术可以构建完善的通信网络，可以同时传输语音、数据、图像。随着广播和通信的融合，利用 4G 手机通话、看电视、上网、看电影、

听音乐等都将实现。

科学家把移动电话的影片和音乐储存功能融合在一起，就发明了能用来看电影的手机。这项新技术的核心是一张直径仅为 3 厘米的光学磁盘，可使手机储存 5 部片长 2 小时的影片、2.5 万张数字照片或 48 小时的音乐。

智能化的 4G 手机，给人们带来了一个智能化的网络家庭和网络社会。

利用 4G 手机，可以控制家里的各种电器设备。比如：当你快要下班时，可以通过 4G 手机提前打开家里的空调，以便你到家后，就能享受到适宜的温度。通过 4G 手机，可以实现许多远程业务，如远程医疗、远程金融交易等。

在未来的 4G 通信中，将采用统一的 IP 核心网络，并且具有与互联网相同的开放结构，为不同网络、不同系统、不同设备的融合，奠定了坚实的基础。

一个充满想象的 4G 移动通信，正在向我们招手。

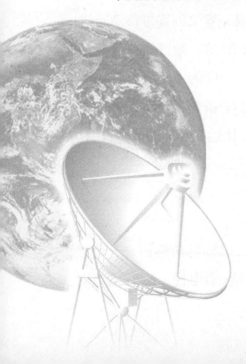

三、卫星通信

北京大学山鹰登山队在国内小有名气，经过近一年比较充分的准备，他们于 2002 年暑假期间，开始攀登希夏邦马西峰。希夏邦马峰是世界第十二高峰，位于我国西藏自治区境内，距拉萨市约 700 千米。它的西峰海拔 7292 米，终年积雪。

攀登的前几天比较顺利，他们一鼓作气将路修到海拔 6600 米雪地上。可就在 8 月 7 日上午，他们分成 A、B、C 三组活动时，B 组通过步话机（一种短距离无线通信设备）联系，得知 A 组正在两巨石之间修路，并且感觉很冷。此后就失去联系。

8、9 日两天，B、C 两组队员一同向上搜寻，终于在两块巨石下的雪崩痕迹处，发现了两名队员的遗体。原来，A 组的 5 名队员因雪崩而全部遇难。而两名 7 日急忙下山求援的队员，于 12 日方才赶到拉萨，失去了宝贵的救援时机。

噩耗传来，令人悲痛。这次遇难让我们想到，如果当时遇难者和求援者带有卫星电话，不就可以比较及时地得到救援了吗？在那种特定的环境条件下，卫星通信是人们唯一的通信手段，是任何通信方式无法替代的。

由设想变成事实

卫星通信的诞生，是基于一种设想。正是这种设想的驱动，使它变成了事实。

1945年，一位名字叫A.C.克拉克的英国皇家空军雷达军官，他在《无线电世界》杂志上，发表了题为《地球外的中继卫星能提供全球范围的无线覆盖吗》的文章，首次揭示了人类利用卫星进行通信的可能性。他设想：在赤道上空，离地面高35 786千米的地球静止轨道上，等间隔地放置三颗人造地球卫星，就可以构成全球通信。

在A.C.克拉克提出这个设想之后，许多科学家相继做了很多不同的试验。终于在1965年发射了第一颗国际通信卫星"晨鸟号"，并定点在大西洋上空。由此，在欧美之间开始了卫星通信的商业应用。

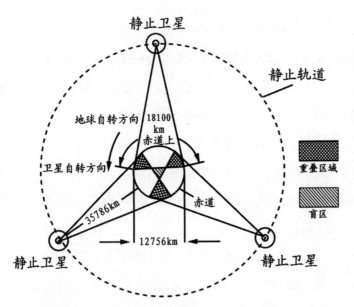

A.C.克拉克设想的卫星轨道示意图。静止轨道的半径为42164千米，地球的赤道半径为6378千米，因而对地静止轨道的高度为42164−6378=35786千米

现代卫星通信

什么是静止轨道

　　静止轨道，就是位于地球赤道上空 35 786 千米处的一个同心圆。在这个圆周上，卫星以每秒 3075 米的速度，由西向东绕地球旋转。卫星绕地球一周的时间是 23 小时 56 分 4 秒，正好与地球自转周期相等。这样，我们从地面看卫星，感觉卫星是静止不动的。因此，人们把卫星运动的这个圆周，称作静止轨道。

的发展，证实了 A.C. 克拉克设想的科学性。正是由于他数十年前提出了天才的设想，人类才能进入到今天的卫星通信时代。

卫星通信的特点

　　随着时间的推移，卫星通信仍在不断地创新、发展，并成为当今最主要的通信手段之一。而且在未来的个人通信和深空通信中，以及对重大自然灾害的抢险救灾中，卫星通信都将是不可替代的重要角色。

　　卫星通信为什么能如此长盛不衰，获得越来越广泛的应用呢？主要是因为卫星通信具有许多独特的优点。

　　大面积覆盖　由于卫星

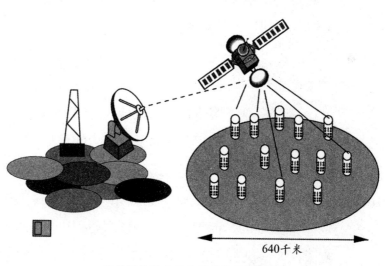

640千米

卫星通信扩大了移动通信的覆盖面

是"站"在 35 786 千米的高空轨道上，因而它的无线电波波束就可以覆盖特别大的地球表面积。卫星覆盖的面积，是地球总面积的 1/3。

一颗静止轨道上的卫星可以覆盖地球表面积的 1/3，那么，3 颗卫星就能构成全球通信。这正是 A.C. 克拉克设想的精髓。

由于卫星通信具有这样的特点，这就能把地球上相距很远的众多用户，同时连接在同一个通信网络里，虽相隔万里，却又近在咫尺。应当指出的是，静止轨道上的三颗卫星能构成全球通信，但不能做到对地球的全部覆盖，地球的南、北极地区仍是盲区。

不受地理环境和自然灾害影响　有线通信必须沿着地面或海底深埋光缆。微波通信必须在地面上、高山上，每隔 30 ~ 50 千米建立一座微波中继站。移动通信也必须在高山上、地面建筑的楼顶上建立基站。显然，一旦发生重大的自然灾害（如地震、泥石流、水灾等），这些通信设施就会遭到破坏，以致通信中断。如前不久发生海底强烈地震时，我国对外的几条海底光缆均遭严重损坏，一时间互联网络不畅，甚至中断，从而对工作、生活造成很大的影响。

而卫星通信是通过卫星轨道上的卫星进行信息传输的，不受地理环境以及自然灾害的影响。　正因如此，就在海底光缆遭到损坏时，通过卫星的通信线路却是一枝独秀。

特别是，在"5.12"汶川大地震中，地面光缆、移动通信基站等通信设施遭到了严重破坏，使汶川和北川成为了信息孤岛。而救援人员正是利用卫星通信，构建了宝贵的信息通道，使指挥部队及时了解了震中的灾情，为抗震救灾的正确决策提供了强有力的依据。

适用于沙漠、海岛及偏远山区　在沙漠、海岛、山口哨所以及偏远山区，一般人口分布很稀，通信业务相对较少。这些地区的通信采用其他方式是非常困难的。而卫星通信就非常适用于这些地区，既经济，又方便。我国在西部大开发的战略部署中，为了解决西部偏远地区的通信、

地星食示意图

月星食示意图

电视广播等问题，开展了"村村通"工程。这一工程的主体，就是通过卫星向这些地区播出电视节目。为每个村庄都安装了卫星电视接收站，村村都能看到电视节目。

易受天象影响 我们知道，太阳、地球和月亮都按自己的轨道运行，在它们处于特定的相对位置时，会发生日食或月食现象，这可称作为自然界的天象。同样，当通信卫星按自己的轨道围绕地球运行时，与太阳、地球和月亮之间，有时也会发生某些特定的相对位置，并对卫星通信造成一定的影响，这就是卫星通信的天象影响。

日凌中断示意图

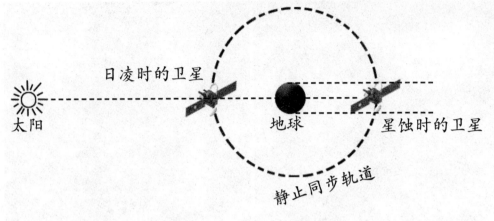

日凌时的卫星

太阳

地球

星蚀时的卫星

静止同步轨道

地球静止轨道卫星日凌及星蚀时的几何关系

当太阳、地球和卫星运行为一条直线时，地球挡住了太阳对卫星的照射，这种现象叫做地星食。

当太阳、月球和卫星运行为一条直线时，月球挡住太阳对卫星的照射，这种现象叫做月星食。

在地星食或是月星食的持续时间里，由于阳光被遮挡，卫星上的太阳能电池无法充电，卫星供电不足而使通信受到影响。其中，地星食一般在春分(3月21日)和秋分(9月22日)的前后21天内出现，每次持续约42天。最长的地星食时间在春分和秋分时，各有72分钟。月星食平均每年发生两次，每次约40分钟。

还有一种现象叫做日凌中断，也发生在春分和秋分时节。此时，卫星正处于太阳与地球之间。地面卫星地球站面的天线，一般都是对着卫星，但此时也对着太阳，并形成强大的热噪声，造成通信中断。日凌中断发生时，每次持续6天，但中断时间只有几分钟。

卫星通信是怎样工作的

实现卫星通信需要一个完整的卫星通信系统。它主要由两大部分组成：一是空间部分，通信卫星及卫星监控，以及能源装置；二是地面部分，

通信卫星

各类地面卫星站，或称地球站，以及测控站。

在通信卫星系统中，通信卫星作为中继站来收发无线电波，以实现卫星通信地球站之间或地球站与航天器之间的通信。它就像一个太空中的信使，能收集来自全国、全世界各地的各种"信件"（信息），然后投递给另一地方的用户。从以上照片可以看到通信卫星的外貌。两面伸长的平板是太阳能电池板；有阳光照射时，它直接供电给卫星上的电子设备，星蚀时可由蓄电池供电。那几个白色圆盘状的物体是卫星天线，负责接收、发送无线电信号。

在卫星中央，安装了多种设备，包括通信系统、遥测、遥控、跟踪系统、控制系统、能源系统、温控系统，以及远地点发动机系统。

通信系统中的设备包括通信转发器和通信天线。通信转发器是通信卫星的核心，它能把接收的微弱信号变成大功率信号，同时还能改变信号的频率。

遥测、遥控和跟踪系统的功能是，使卫星上设备按照接收地面指令动作，并向地面提供星上工作情况。同时还要保持卫星姿态和轨道

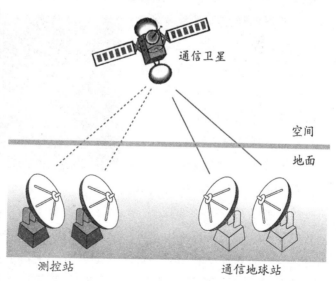

通信卫星

空间

地面

测控站

通信地球站

卫星通信系统组成

都在允许的偏差范围内，并定期进行修正。

地球站是卫星通信系统中的地面设备，它一方面与通信卫星构成通信线路，另一方面与地面通信网相连接。地球站内的设备主要有天线、低噪声放大器、高功率放大器以及变频器等。地球站的功能是，将地面用户的信号变换成合适的信号通过地球站的天线发向通信卫星；同时，又把接收卫星的微弱信号，变换成合适的信号传输给地

A—标准地球站是一个庞然大物

知识链接

通信卫星的发射

美国于 1965 年 4 月 6 日发射了世界上第一颗实用的静止轨道通信卫星，命名为"国际卫星 1 号"（为国际通信卫星组织所有）。至今已发展到第八代，每一代卫星性能都有很大提高。

苏联的通信卫星被命名为闪电号，包括闪电 1 号、2 号及 3 号。由于苏联疆域辽阔，且纬度较高，因而大多数均不在静止轨道上，而是在偏心率很大的椭圆轨道上。

东方红2号

我国的第一颗静止轨道卫星是 1984 年 4 月 8 日发射成功的，命名为"东方红 2 号"。至今已发射了 5 颗，先后承担了广播、电视传输及通信等工作。1985 年，我国建成了国内卫星通信系统，为国民经济的发展，特别对西部地区的开发，发挥了巨大作用。

车载地球站 便携式地球站

面的用户。

卫星通信的初期，限于当时技术水平，地球站天线的口径都很大，天线直径一般为32米。随着技术的发展，最小的天线直径只有几十厘米。

地球站有很多种，有固定地球站、车载地球站、便携地球站、船载地球站、机载地球站，以及个人终端等。

车载地球站使用非常方便，主要用于新闻采集。在上海举行的亚太经合组织会议(APC)、F1车赛、网球大师杯赛等，都用车载地球站进行实时转播。

便携式地球站也用于新闻采集。它的最大优点是重量轻、体积小，并且能折叠装箱。在交通不便的偏远地区，它也能被方便地运到现场。例如发生地震

卫星通信工作过程示意图

时，车载地球站因灾区道路遭破坏无法进入现场，此时只需1～2人就可以将便携式地球站运到现场，半小时就能开始正常工作。

为了便于了解通信卫星的工作过程，我们可以举一个通过卫星打电话的例子：

——你在家里拿起话机给国外的哥哥打电话；

——市话局收到你拨的号码，并发现了国外区号，即转发给长途电信局；

——长途电信局把发往同一国家的信息归纳在一起并转输至地球站；

——地球站按约定的要求将信息发向通信卫星；

——通信卫星接收信息后，自动地把它转换为合适的信号，再发送到有关国家的地球站；紧接着该地球站把信息送给当地的长途电信局；

——通过当地市话局，你哥哥的手机电话振铃，待你哥哥摘机后，你们就开始了通话。

卫星通信的发展

技术的发展，商业的需要，再加上激烈的竞争，加速了卫星通信的发展。

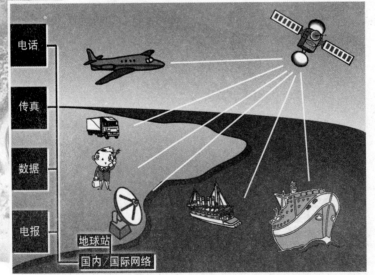

国际海事卫星系统 国际海事卫星系统能向全球提供海上、空中、陆地、救险及定位等服务。该系统采用静止轨道，因而组成全球通信只要3颗

Teledesic 系统的轨道卫星配置示意图

卫星。但是也存一些缺点：它不能做到对地球的全覆盖，在地球的南、北两极地区仍然是盲区；由于轨道太高，信号传输的路程过长，信号受到损耗而变得很小。另外，为维持正常通信，它要求手机和通信卫星能发射很大的信号功率，但这是难以做到的。因而，该系统仅支持个人终端而不支持手机。

童话般的 Teledesic 系统

Teledesic 系统刚刚提出时，人们认为这简直是一个童话，因为这一系统至少要有 840 颗以上的卫星才能构成。但是随着时间的推移，特别是微软公司的支持，

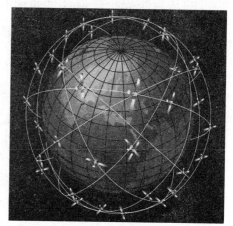

低轨道星座示意图

以及该系统有利条件的日益明朗，这个童话将要变成现实。

　　Teledesic 卫星在低轨上运行。它的提出和建立，是对迄今所有低轨道系统不足的弥补或补充。因为所有的低轨道系统提供的通信服务都是信息量不高的窄带业务，而该系统却着眼于大信息量的宽带业务，几乎要把地面的光纤通信搬到

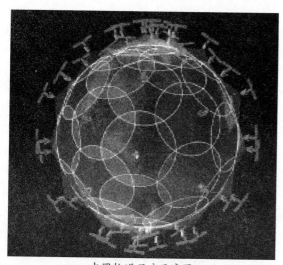

中圆轨道星座示意图

天上去。

该系统共有 840 颗卫星，被均匀分配在 21 个轨道上，每个轨道上有 40 颗卫星，轨道高度为 700 千米。由于每个轨道上还需要有 4 颗备用星，因而卫星的总数达到 924 颗。

中圆轨道系统 中圆轨道系统的目的是克服静止轨道和低轨道存在的不足，同时又继承它们的优点。

中圆轨道系统具有两个轨道面，由 10 颗卫星组成，另有 2 颗备用星。其轨道高度为 10 350 千米。

中圆轨道系统采用中轨道，所需的卫星数虽比静止轨道多些，但比低轨道要大大减少，能支持手机工作，信号传输的路程比静止轨道也缩短了很多，因而对信号传输所造成的时延影响，用户几乎没有觉察。另外，中圆轨道系统几乎没有什么技术风险，在卫星方面的投资也是最低的。

以上介绍了几种富有代表性的卫星移动通信系统。它们仍在继续发展，不断地改进和完善，以便尽早与陆地移动通信相融合，为个人通信的早日实现创造条件。

卫星通信在未来的深空通信发展中、在重大的自然灾害的抢险救灾中，也将发挥其独特的重要作用。

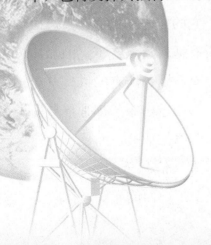

四、深空通信

年空通信与深空探测是分不开的。为了说明深空通信，先得简要地谈谈人类的深空探测。

人类的深空探测

我们所居住的地球，只是浩瀚宇宙中沧海一粟。千百年来，人们渴望了解太空，积极地探索地球的起源，热切地寻找外星人的存在。随着科学技术的进步，特别是最近50多年里人造卫星、载人航天等技术的飞速发展，人类探索宇宙的目光越来越远，深空探测的距离也越来越远，揭开了许多鲜为人知的太空秘密，为人类社会的可持续发展作出了贡献。

目前，太阳系空间探测是深空探测的主要目标。探测重点是月球、行星、小行星与彗星。

月球是离地球最近的一颗星体，距地球约 38 万千米。因此，早在 20 世纪 70 年代，美国就实施了阿波罗登月计划，把地球人送到了月球，这是人类的第一次外星活动，在全世界引起震动。随着中国神舟系列飞船的发射成功，月球探测又成为全球关注的焦点。我国的神舟计划正在有序地进行，不久的将来，我国的航天员亦将登上月球。

总之，深空探测对于人类了解太阳系的起源、演变历史和现状，了解地球环境的形成与演变，探索生命的起源和演化，以及积极开发和利用空间资源等都具有重要意义。同时，通过对太阳系的探测，促进了空间技术发展，推进了科学技术进步，扩展了人类的生存空间。

21 世纪将是人类全面探测太阳系并为人类可持续发展服务的新时代。

什么是深空通信

早在 1971 年，一个名叫"国际电信联盟"的组织，在瑞士首都日内瓦召开会议，会议的主题是宇宙通信及其相关事情。该会议把与宇宙飞行体的通信，正式命名为宇宙无线电通信，简称为宇宙通信。

宇宙飞行体就是航天飞行器。其中，离开地球较近的有各种应用卫星、载人飞船以及航天飞机等，离开地

深空通信的组成

深空通信主要由宇宙飞船中的宇宙站，以及地球上的深空地球站，或是由多个深空地球站相互连接而成的深空网络所组成的。

宇宙站主要由飞行数据分系统、指令分系统、深空通信收发设备、天线等四大部分组成。

深空地球站主要由计算和控制中心、测控设备、深空通信收发设备、天线等四大部分组成。

球较远的有月球探测器以及各种行星探测器等。

宇宙通信共有三种形式：（一）地球站与宇宙通信站之间的通信；（二）宇宙通信站之间的通信；（三）通过宇宙通信站的中继或反射，以构成地球站之间的通信，也就是卫星通信。

所谓宇宙通信站，从通信观点来看就是航天飞行器中的通信设备，也可简称宇宙站。

同时，我们也可以把宇宙通信称作空间通信。根据与宇宙站通信距离的不同，可以把空间通信划分为近空通信和深空通信。近空通信，是指地球站与离开地球较近的宇宙站之间的通信。这些宇宙站就是前面提到的各种应用卫星等，它们的轨道高度一般为数百千米至数万千米。深空通信，是指地球站与离开地球较远的宇宙站之间的通信。这些宇宙站就是前面提到的月球探测器，以及各种行星探测器等。这些宇宙站离开地球轨道而进入太阳系，地球站与这些宇宙站的通信距离可达数十万千米，乃至几亿、十几亿千米。

从深空通信的定义可以看出，所谓深空是指距离地球数十万千米至十几亿千米的太空。因而，对于太阳系的探测，同样称之为深空探测。

深空探测的纽带

深空通信

回顾深空探测的发展历程，我们可以看到，其中有一个占主导地位，而且是致命的因素，那就是通信。没有通信的支持，深空探测就无从谈起，也无法实现。

事实正是如此。在深空探测史上，就发生过因通信系统故障而使深空探测计划失败的事例。如苏联于 1971 年 5 月 28 日发射"火星 5 号"宇宙飞船，在飞船中搭载的火星探测器在火星表面上实现了软着陆。然而，通信时间仅仅维持了 20 秒，就与火星探测器失去了联系，致使此次探测任务宣告失败。

所以，深空通信是深空探测的纽带。只有通过这个纽带，我们才能实现对宇宙飞船的引导和控制，宇宙飞船也才能将探测到的科学数据回传给地球。

深空通信的特点

微弱的信号 深空通信接收到的信号极其微弱。这是因为通信距离极其遥远，深空地球站与宇宙飞船之间无中继，是超远距离无线电通信，而无线电波的传输损耗与传输距离的平方成正比。例如，木星与地球的距离约为 6.8 亿千米；"旅行者 1 号"宇宙飞船

直径 70 米的天线

外部噪声源对通信的影响

深空通信的传输质量不仅取决于信号功率的大小，同时还受到深空地球站接收到噪声大小的影响。因此，通信的传输质量取决于信号功率与噪声功率的比值。

如果你在车水马龙的大街上，或人声鼎沸的火车站，用手机打电话给你的朋友，对方在接听电话时总感到听不清楚。这就是因为此时信号（话音）功率与噪声功率的比值太小的缘故。你只有把讲话的声音提高点，也就是提高信号（话音）功率，使信号功率与噪声功率的比值加大，你的朋友才能听清楚你的话语。

信号功率与噪声功率的比值，在通信领域内一般简称为"信噪比"。

上的宇宙站，将探测的信息数据向地球回传时，所发射的功率为 21.3 瓦，而地球上的深空地球站所接收到的信号功率仅为百万亿分之 0.32 瓦。真是太微弱了。

庞大的天线 为了接收功率极其微弱的信号，深空地球站不得不采用极大尺寸的抛物面天线。所用的天线直径最大的可达 70 米，面积相当于 9 个篮球场！

合适的频率范围 为了降低各种外部噪声源对通信的影响，深空通信所用的无线电波工作频率必须在一个合适的范围内选择。在这个范围内，外部噪声最低，对通信

的传输质量影响较小。这个合适的频率范围是 1 ～ 10Ghz(吉赫，或千兆赫)，我们称它为"电波窗口"。就如同我们通常收听调频立体声广播节目一样，它也有一个频率范围，即 88 ～ 108Mhz(兆赫)。

充分利用频带　由于深空通信仅用于太阳系的深空探测，用户极少，同时信息的传输速率也较低，所以深空通信的无线电波的频带限制不严，我们可以充分利用频带，以提高深空通信的性能。

知识链接

什么是频率、频带

频率，指单位时间内完成振动（或振荡）的次数或周数。常用单位为赫兹（1 赫兹 =1 次 / 秒，或 1 周 / 秒）、千赫、兆赫、千兆赫等。衡量声音、电磁波（例如无线电波或者光）、电信号或者其他波的频率时，频率表示每秒重复信号波形的数量。如果波是声音，频率就表示音调的特性。频率越高，所得音调就越高；频率越低，所得音调也越低。如婴儿能够听到最高频率 20 000 赫兹的声音，但成年人听不到。

频带就是允许传送的信号的最高频率与允许传送的信号的最低频率之间的频率范围。无论是发射天线还是接收天线，它们总是在一定的频率范围内工作。深空通信所用的无线电波工作频率范围是 1 ～ 10Ghz(吉赫，或千兆赫)。

最大深空通信网

目前，世界上最大深空通信网是美国国家航空航天局 (NASA) 于 1958 年建立的。它用于实现地球与宇宙飞船之间的通信，并能用于对太阳系和宇宙的观测。它的主要任务是：将指令信息发送到遥远的宇宙飞船上的宇宙站；接收宇宙飞船回传的遥测数据；跟踪宇宙飞船的位置和速度；接收宇宙飞船回传的科学数据；接收宇宙飞船回传的工程数据；接收宇宙飞船回传的图像数据；监视和控制深空网络性能等。

位于澳大利亚堪培拉附近的
深空地球站

位于美国加州金石的深空地
球站

　　考虑到地球自转的影响，这个深空通信网在地球上每隔120度（经度）就需建立一个深空通信地球站，以保证宇宙飞船无论飞行在太空中的任何位置，都能保持与一个或两个深空地球站进行通信。

　　为了避开人口密集的大城市所产生的人为噪声，深空地球站都选在远离城市的地方，同时还要寻找能屏蔽或减少外来干扰的理想地形，如背面环山的山腰地点，或是碗形地带等。

　　三个深空地球站分别建立在美国加州城中的金石、西班牙马德里以及澳大利亚堪培拉附近（见"深空通信网地球站分布图"）。每一个深空

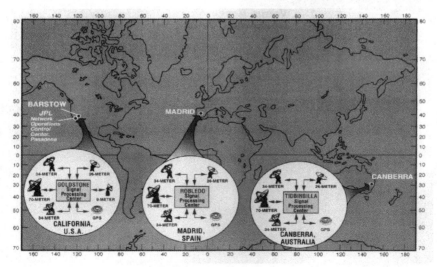

深空通信网地球站分布图

地球站，一般都安装了4座以上的深空接收、发射站。在这些接收、发射站里，都配置了超灵敏、低噪声接收机，高功率放大器，以及大尺寸抛物面反射器天线。这些天线有33.8米的波束波导天线、33.8米高效天线、26米天线以及70米天线。

深空通信的未来

天线阵　前面讲到为了接收极其微弱的由宇宙站回传的信息，人们不得不采用庞大的巨型天线。这就给实际应用带来了许多问题：

天线庞大，对天线的精度要求又高，因而给天线设备的加工、安装带来很大的困难。

天线又大又重，要保持天线面不发生变形，特别是不受大风的影响，确实很难。

为了时时跟踪宇宙飞船，必须对这又大又重的天线进行上、下、左、右的精细调整，对于执行调整的设备（一般称作驱动设备）的要求很高。

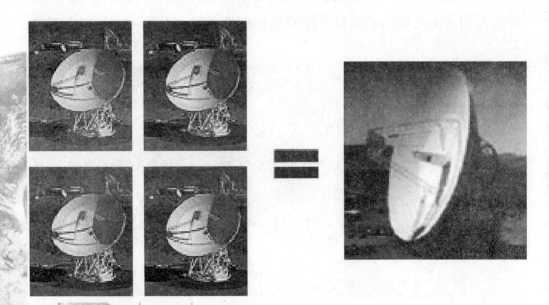

天线阵代替巨型天线示意图

为此，科学家提出了利用天线阵代替巨型天线的建议。

什么是天线阵呢？就是利用多个小尺寸的天线，并且将它们相互连接在一起。

如图所示的四个相互连接的小尺寸天线，同时接收宇宙站的回传信息。经过信息处理，它们对信号接收的总的效果，完全等同于一个巨型天线，甚至更好。而组成天线阵的天线尺寸都在 10 米左右。当然，小天线数量的多少，将依据接收效果有所调整。

天上的深空网　为了避免巨型天线存在的问题，一种新的设想是：把地面的深空通信网搬到地球静止轨道上，变成天上的深空通信网——天基深空通信网。

天基深空通信网，由两颗位于地球静止轨道上的卫星，以及两座各为 10 米天线的地球站共同组成。据称，这样的天基深空通信网，可以连续覆盖为探测太阳系行星所发射的所有宇宙飞船，从而避开了深空通信网必须采用 34 米、70 米或更大尺寸天线的问题。

此外，由于信噪比的大小决定了信息传输质量的好坏，因此，寻求一种信噪比较低，而通信的传输质量却与高信噪比相同的通信方法，是深空通信未来发展的一个重要方向。

五、人体通信

人类相互间的沟通和交流是必不可少的。沟通和交流的方式有多种多样，如约会谈心、打电话、书信往来、收发电子邮件、互赠名片、收发短信等。但是，科技创新使人类相互间的沟通与交流，又有了一种崭新的方式，即人体通信。也许这种方式，正预示着人类通信发展的未来方向。

什么是人体通信呢？人体通信就是把人的身体当作传输信息的导线或电缆，利用通信装置，通过人体所构成的双向数据通道进行通信。因此，当两个具有同样通信装置的人，见面握手之后，就能相互传输资料数据。

握手 = 交换信息

握手就能交换信息？这是不是异想天开？

其实，现在科学家已经开发出人体通信装置，而且通过了实际的试验，

同时还在积极地把取得的成果推向实用领域。

为什么能把人体当做信息传输的导线或电缆呢？这是基于这样的一个事实，那就是人体可以导电。

将体积极小的通信装置紧贴

握手交换信息演示会的现场照片。参与试验的两个人都携有同样的通信装置以及各自的显示设备。握手后，信息通过两人的手臂和身体进行传输，从而实现信息的交换，并在显示设备中显示出已成功交换的信息。

在自己的身体上，例如放在衣袋里，然后用手去触模具有同样通信装置的机器或人，这样就能迅速地在人与机器之间，或是两个人之间实现信息数据的传输。

在人类社会全面进入信息社会的今天，人体通信技术的开发以及推广应用，具有极其重要的积极意义。从信息安全角度来看，人体通信识别技术最可靠；从信息传输速度来看，人体通信对于信息数据的交换更

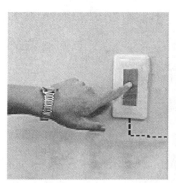

人体通信的各种有趣的应用

便捷。

经过几年的发展，人体通信已经有了很多的绝妙应用。不信的话，你请看！

一位乘客走上公交车，他没有使用"公共交通卡"，也没有拿出硬币投入收币箱，只是轻轻触摸一下车票结算终端，听到"嘟"的一声，就算是买过票了。这位乘客正是利用人体通信的方法，将该付的车票钱付于公交车上的结算终端。

当你回到自己的寓所，手刚触到房门的把手，就听到轻轻的喀啦一声，门锁自动打开了。原来，你戴着的手表内有人体通信装置。在你用手触摸房门把手时，通信装置通过人体手臂，把你的个人信息传输给小区物业管理计算机，计算机在业主登录的个人信息库里迅速查询和核对，确认是该房的主人时，便命令门锁打开。

人体通信已经向我们走来。人体通信的未来发展，将会给人类的生活和工作带来极大的影响。

"一触即发"

经过多年的研究，人们发现，从通过人体进行信息传输的信号检测方法的不同，人体通信技术可以划分为两类。

一类采用电流检测方法。它确定信号的大、小、有、无，取决于人体体内电流的检测，为此必须让皮肤直接接触到电极，而不能把通信装置装在衣袋里。另外，体内电流一般较小，还有些不大稳定，所以利用电流检测方法的人体通信，其信息传输速度较慢，一般只能达到数千比特／秒。因此，这一方法的应用受到限制。

另一类采用电压检测方法。它不必让电极直接接触到人的皮肤，而且在20厘米的范围内就可以传输，为实际应用带来方便。但这一方法不能准确检测高频信号，无法提高信息传输的速度。

悄然出现的光卡

　　随着光子技术的发展，一种比磁卡、IC卡更先进的新型信息存储媒体——光卡正在悄然崛起。

　　光卡是由能透过激光的透明基板、在激光照射下能写入信息的记录层以及硬质保护层三部分组成的。光卡记录层刻有2500条极细的轨纹，供数字资料定位用。光卡用凹凸式记录方式，信息以记录层表面是否出现记录坑的形式存储在光卡内。

　　光卡可用来储存各种图书资料，是一种小巧玲珑、图文并茂的"电子图书馆"。它还可用做病历卡，即"电子病历"。一张小小的光卡，就是一份完整的病历及病人的检查情况、诊断结果等信息。

　　与磁卡和IC卡相比，光卡具有存储量大（约为磁卡的2万倍、IC卡的250倍）、存储时间长（10年以上）、不受磁场干扰等优点，因此应用前景十分广阔。

　　为了克服上述问题，科学家采用了一种新的技术——光通信电场感应技术。人体表面存在着电场，而整个电场的微小变化，都可以通过光电转换而成为数字信息，被传输和读取。

　　精确收集人体电场微小变化是整个技术的关键。经过努力，人们终于研制出能收集人体电场微小变化的电光晶体，也就是光学电场传感器。它由激光器件、电气光学等所组成。与电流检测方法相比，其信息传输速度几乎提高了1000倍，达到了10兆比特/秒。这种采用光学电场传感器的人体通信装置已经面世，其信息传输速度为10兆比特/秒，科学家把这一通信装置命名为"一触即发"（Red-Tacton）。

　　"一触即发"不仅信息传输速度极快、使用便利、耗电量小，而且信息安全，在众多人员的场合下，人体通信不会受到别人的影响或影响别人。

人机握手交换信息

"一触即发"的应用领域得到迅速扩展。例如，将这种通信装置装入衣服口袋以后，只需用手接触一下车站的检票设备，即可完成车票结算；只需握一下手，即可交换名片数据。而且它还可以通过衣服、鞋子进行传播：爱跳舞的消费者可以通过地板上传感器，在跳舞的时候下载 MP3。如果你拿错了药，这种医用药瓶还会报警。它甚至还能在一块皮肤上创建虚拟键盘。

有趣的人体网络

不久前，微软公司就人体皮肤导电等申请了专利，以此要把人体变成电子网，即人体网络或人体局域网，由此引起了人们的极大兴趣和关注。

人体局域网与一般办公室里电脑相互连接的局域网完全相同，有自己的电源、控制信号，并可传输数据。电源可以是传统的电池，也可以是太阳能电池。无论是何种电池，它们都可以通过人的皮肤进行传输。同时，还有人提出一种新的设想，就是用人体皮肤产生的微弱电流来充当电源。科学家还把人体皮肤当做数据总线来应用。

在研发过程中，IBM 公司开发了许多适用于人体局域网的微小型电子产品；这些电子产品可以供人任意穿戴。例如，在胸坠中嵌有麦克风；而听筒则嵌在耳环里，或嵌在眼镜的两根脚里；局域网的输入输出设备则安装在一个精美的手镯中。当然，它们之间若用导线进行连接，肯定是一件大煞风景的事情。它们是利用微软公司的专利，通过人体皮肤而

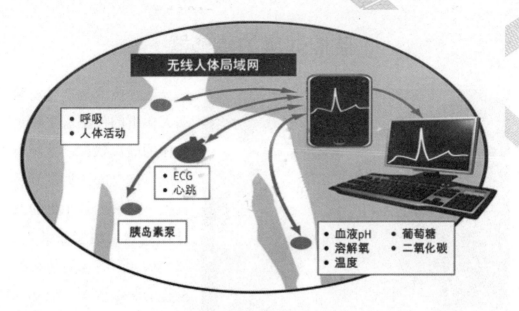

连成一体，组成一个相互联系的"个人局域网"。

　　未来，人体局域网的应用会越来越多。也许某一天，在你的身上带有10多个微型计算机，可能分别嵌在你的手表中、眼镜上、耳环里，或是缝在衣服内。当这些各具特色的微型计算机彼此相互联接在一起，从而就构成了一个人体局域网。此时，当你把手伸向自动售货机时，立即可以完成小额支付；当你手握汽车方向盘时，GPS导航系统就能自动为你调整方向；当你运动时，监控系统将连续监测你的心率，一旦超过偏高的心率时，便会立即向你发出警报；无论你走到哪里，网上的新闻或是来电的无线话音，都能传到你的耳机里、眼镜上，使你听得见、看得清。

　　那么，人体局域网对人类身体健康是否有害呢？这是一个非常重要的问题，目前还没有一个明确的结论。因此，科学家正在对此进行研究。显然，人体局域网的实际应用还有一段时间。但有一点是可以肯定的，那就是你的皮肤在具备保护你的身体、美观、排汗等许多功能的同时，还能"兼职"提供电源输送和数据总线的功能，而且不会让你有任何察觉。

监控健康的传感器

这种技术是通过安装在人体上的传感器来收集人体的健康状况，并将人体健康信息的数据发到手机上。如果携带手机的人身体健康发生紧急状况，该手机就会将信息传送到远程的医护人员，通知他们迅速前往患者所在地。

像这样的无线应用并非创举，不过多数类似的人体感测系统多半使用蓝牙技术，但研究人员认为，若采用蓝牙技术，用于人体端的这套系统的电力，仅能供应一天的时间。而采用这种技术可以让系统持续运行 7 天。

这套系统的目的在于通过几乎"人手一机"的手机，将人体健康信息集中到手机上，并把手机作为统一发送的平台，不需通过额外的专属装置搜集数据，让医疗与医护的监控系统更容易地被人们所接收。

奇妙的"人体电容器"

正当我们热烈讨论有关人体局域网的种种问题时，忽又传来了"人体电容器"的新理念，真是无线通信的"春天"来到了。

索尼公司宣称，他们即将推出一种新型的音乐播放器，它能通过人的身体发送信号，而不需要连接线。对此还表示，他们已经找到了一种方法，即通过人的身体将无线电信号传输到耳机，并由耳机将信号转换为声音。而且，就此项技术申请了名为"人体通信系统"的专利。

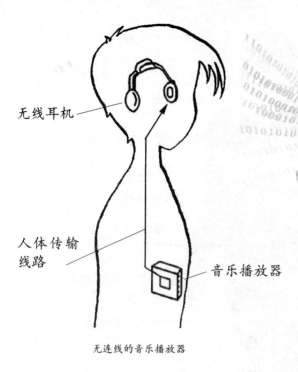

无线耳机

人体传输
线路

音乐播放器

无连线的音乐播放器

如图是无须连线的音乐播放器示意图，图中音乐播放器与耳机之间是一根点划线，表示无导线连接。

在"人体通信系统"中，人的身体将成为电容器。其作用是将静电电荷从发射器运载到接收器，而电荷的搬运，都是在同一电场中进行的。同时，传导型的衣服和布料可以给人的身体充电，而带有电极的耳机，则用来接收信号，并随之将信号转换为声音。

索尼公司的人体通信系统，主要着重于音响领域内的信号传输。索尼在专利申请中还特别作了说明，即电容器的电荷电量不大，对人体不会造成任何伤害。另外，这样的通信设备可以秘密进行通信，而不会受到附近其他无线电设备的干扰。索尼公司还指出，这一人体通信系统的数据传输速率可以达到 48 千比特／秒。显然，它是个"一流"的人体通信系统，值得人们期待。

医疗植体通信

医疗植体通信，是指植入人体的嵌入设备与人体外的通信。

在以往的科幻小说中，有关植体通信的种种幻想，现在已逐渐得以实现。几年前，人体通信网络的概念仅仅出现在星际旅行，或是《西游记》这类影视作品中。但是在今天，由于超低功率射频技术的成熟发展，患者的心脏起搏器就能够与医生办公室进行无线电通信，随时报告患者的

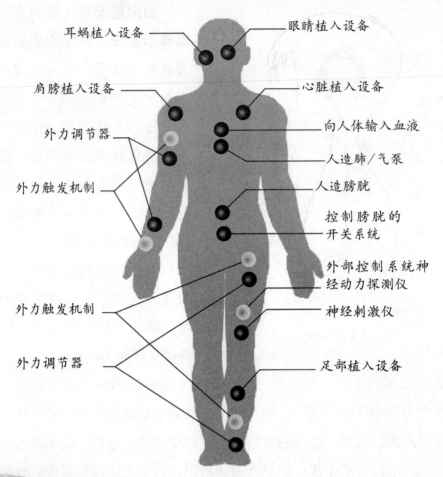

耳蜗植入设备 — 眼睛植入设备

肩膀植入设备 — 心脏植入设备

外力调节器 — 向人体输入血液

外力触发机制 — 人造肺／气泵

人造膀胱

控制膀胱的
开关系统

外部控制系统神
经动力探测仪

外力触发机制 — 神经刺激仪

外力调节器 — 足部植入设备

最新健康状况。

　　自1950年末的第一个心脏起搏器植入开始,植体设备取得了快速发展。如今,已经广泛应用于身体功能的调节、神经的模拟,以及帕金森症、癫痫症等一些特殊疾病的治疗。如下图所显示的有关人体健康的各个部位,都可以通过植体设备来进行监控和调节,帮助患者战胜病魔,确保患者的健康。

　　对于体内已经具有植体设备的患者来说,先进的医疗植体通信技术将能大幅度地改善患者的生活质量。利用双向通信,医生能够远程监控患者的健康状态,并通过无线通信手段,对植体设备的性能进行控制和调节。这意味着患者不必频繁进出医院,只有当医生在监控中发现问题时才通知患者，患者才需前往医院。

医疗植体通信是一个极富挑战性的人体通信系统，因为它有一些非常苛刻的要求。其中最主要的是：

——植体设备的电源功耗越小越好。这样可以延长设备的使用寿命，或是引入更多的功能。一个植体设备的电源必须具有连续工作 10 年、20 年或更长的时间，否则患者只得在不长的时间里进行开刀更换电源或是整个植体设备，势必带来痛苦与风险。电源功耗是植体设备中最为重要的一个问题。

——植体设备的体积，在满足功能要求的前提下，也是做得越小越好。这样才能让患者感到舒适些。

六、GPS卫星全球定位系统

在 1991 年 1 月 17 日，以美国为首的多国部队开始袭击伊拉克以及被伊拉克占领的科威特的重要目标时，其中最令人瞩目的是，第一批共 52 枚"战斧"巡航导弹从海上的舰艇发射升空，向数百千米以外的一个个预定目标飞去，从而揭开了第一次海湾战争的序幕。

就在"战斧"巡航导弹发射后不久，新闻媒体又传来了巡航导弹精确击中目标的报道。顷刻之间，巡航导弹成为人们议论的话题。过去人们对巡航导弹了解很少，许多人还是第一次听到，对巡航导弹能精确击中数百千米以外的目标更感到不可思议。

"战斧"巡航导弹的一个最主要的特点是，在导弹系统中特别装备了卫星全球定位系统 (GPS) 接收机，这就使导弹具有了自主导航能力，从而能精确地击中目标。在导弹发射前，轰炸目标的地址信息数据已经输入到导航系统的计算机里。导弹发射之后，便在 GPS 导航系统的引导下

"战斧"巡航导弹

飞向目标，并且按照输入的目标地址信息数据，不断修正自己的飞行速度和路线，最终精确地找到目标并进行攻击。

事实上，以美国为首的多国部队，几乎在每一种战术操作中都借助于全球卫星定位系统的导航引导，从而形成了绝对的军事优势。

伊拉克的西部是一望无垠的大沙漠。因而伊拉克军队认为，对于这一区域根本无须防备，因为在那里他们自己都会迷路，更何况是外国的军队？可是多国部队正是从西部沙漠开始大举进攻，并且在很短的时间里就推进到幼发拉底河。

多国部队为什么能在陌生的、无边无际的沙漠中进攻而不会迷失方向呢？答案只有一个，那就是应用了全球卫星定位系统。多国部队装备了数万

GPS 卫星星座图

台 GPS 信号接收机，甚至在一些士兵的钢盔里都嵌入了 GPS 接收机，能自动显示士兵当前的位置。由此可见，在此次海湾战争中，GPS 系统大显身手，特别是为美军实施精确轰炸立下了赫赫战功，是赢得海湾战争胜利的重要技术条件之一。

GPS 是怎么回事

1973 年 12 月，美国国防部批准研制一种军用卫星导航系统

知识链接

古代的定位导航技术

传说在公元前 2600 年，黄帝部落与蚩尤部落发生纷争，大战于涿鹿。黄帝的军队因有指南车的指引，因而在暴风骤雨之中仍能辨别方向，最终取得了胜利。

中国明代著名的航海家郑和，8 年里七下西洋，遍访了 30 多个国家和地区，最远曾达非洲东岸和红海海口，为中外

中国航海者的罗盘

航海史上的壮举。为了在茫茫的大海上找到航行的正确方向，郑和率领的船队采用了观测恒星的高度来确定地理纬度的方法，叫做"牵星术"。

所用的测量工具叫做牵星板。根据牵星板测定的垂向高度和牵绳的长度，即可换算出北极星的高度角，而它就近似于该地的地理纬度。

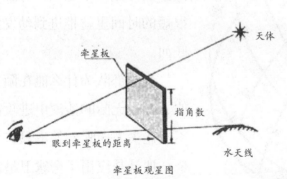

牵星板观星图

NAVSTAR GPS，它的英文全称为 Navigation by Satellite Timing and Ranging Global Positioning System(GPS)，我们称其为"GPS卫星全球定位系统"，简称为GPS系统。

GPS系统的研制历时20多年，全部投资为300亿美元，直到1994年才全面建成。这一系统可以为海、陆、空甚至外层空间的用户，提供准确的三维位置、三维速度以及时间信息。其中，对于静态物体的定位，例如地震监测、珠峰高度的测量、三峡大坝监测等，其定位精度可达厘米级，甚至毫米级。对于动态物体的定位，例如车辆、飞机、舰船及航天器等，其定位精度可达米级甚至亚米级。由此，GPS系统展示了极其广阔的应用前景。

GPS系统的研制进程，大致可

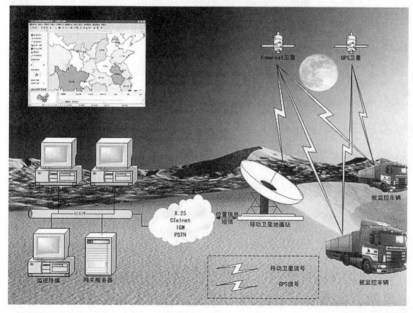

特种车辆卫星监控系统原理图

分为三个阶段。从 1973 年至 1979 年，是系统方案论证和初步设计阶段。在此期间共发射了 4 颗试验卫星，研制了 GPS 接收机，建立了地面跟踪网络。

从 1979 年至 1984 年，是系统的全面研制阶段。在此期间共发射了 7 颗试验卫星，研制了各种用途的 GPS 接收机。实验数据表明，系统的定位精度远远超过设计标准。

从 1989 年至 1994 年，是系统实用组网阶段。以 1989 年 2 月 4 日 GPS 工作卫星成功发射为标志，至

GPS导航系统用于汽车导航

1993 年底，24 颗 GPS 卫星星座已经建成，并开始提供军用、民用的卫星导航与定位服务。

GPS 卫星星座由 24 颗卫星组成，均匀分布在 6 个倾角为 55 度的轨道面上。每个轨道上有 4 颗卫星。其中还包括了 4 颗在轨的备用卫星，一旦某颗卫星发生故障，备用的在轨卫星就能自动取代，从而保障系统的正常运行。

GPS 系统的建立，完全是为了解决物体的定位和导航。其实，在它出现前的数千年里，人类已经发展了各种各样的定位导航技术，从目视法到利用烟火、星象、指南针、罗盘等，其技术也在不断进步。

今天，GPS 系统获得了更加广泛的应用，为我们带来了巨大的帮助。

GPS 系统的"本领"

2002 年 2 月 27 日，美国德州警官梅克驾车行驶在结冰的公路上。谁知路面太滑，他翻车了。当时公路上渺无人烟。幸亏他的手机具有 GPS 定位功能，在他拨打 911 紧急呼叫电话后仅仅几分钟，急救人员就找到了他。在他拨打电话时，GPS 定位功能已自动将他遇险的地点发给了援救人员。他也因此而得救了。

GPS 为什么有这样大的"本领"呢？原来，GPS 系统有以下特点：

提供全天候服务 在 GPS 系统中，各个卫星的轨道参数以及测距信号，都是通过 GPS 卫星，以无线电波发射给用户，不会受到气象条件、昼夜变化的影响，因而是全天候的。

全球覆盖 卫星轨道离地面越高，卫星对地球覆盖的面积就越大。而 GPS 系统的卫星轨道高度约为 20 230 千米，因而一颗卫星就可以覆盖地球表面积的 38%。GPS 卫星星座的设计，可保证在全球的任何地方，任何时候都能同时观测到 4 ～ 8 颗卫星，并且观测卫星的仰角都在 15 度以上，保证了 GPS 系统对全球的覆盖。

高精度 GPS 系统提供两种定位精度服务，一种是标准定位服务 (SPS)，另一种是精密定位服务 (PPS)。标准定位服务中，其水平方向的精度为 20 ～ 40 米，垂直方向的精度为 45 米，测速精度为 0.2 米 / 秒，测时精度为 200 毫秒。精密定位服务的定位精度更高，仅限于美国军方使用。而且定位的速度

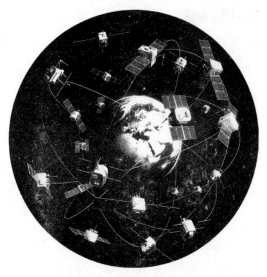

极快，每完成一次定位所需时间很短，一般为数十秒至数分钟。

用途极广　在民用方面，如用于空中交通管理系统、船舶交通服务系统、车辆监视与调度系统；用于大地测绘；用于低轨与中轨卫星的定位；用于110报警、120救护、电力维修等。在军事方面，如为战区绘制和雷区标绘提供更准确迅速的方法，使部队的调度有了依据，而且飞机还能据此进行空中扫雷；空军用了GPS，使目标侦察更加准确，不管气象条件如何都能击中目标。

如何定位

定位，就是回答"你现在哪里"的问题。GPS的定位方法，是建立在几何测量原理上面的。为了便于了解，我们从平面定位谈起。

在一个二维（长、宽）平面的空间里，对一个目标实施定位，需要至少两个参考物的协助才能完成。

例如，一艘渔轮经过一天的作业即将返程时，突然大雾弥漫，船员们看不见海岸边灯塔的灯光。在这种情况下，只能通过接收岸边导航台的导航信号，才能够确定渔轮在海上的位置。于是，船员就利用导航接收机，先接收1号

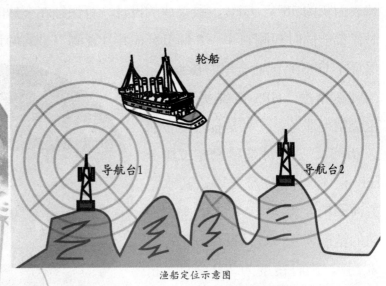

轮船

导航台1　　导航台2

渔船定位示意图

导航台的导航信号，从而得到了渔船与1号导航台的距离，例如为 D_1 海里。就是说，渔船是在一个以1号导航台为圆心，以 D_1 为半径的圆周上。

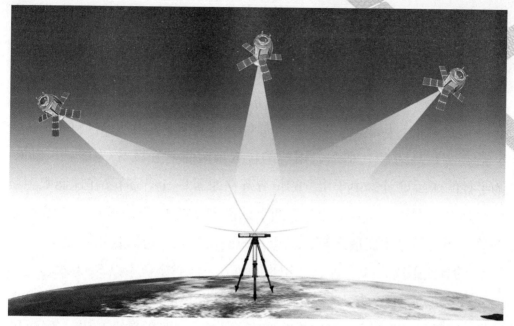

GPS系统测距示意图

　　这时，渔船的位置仍无法确定。为了进一步对渔船进行确切的定位，必须启用第二个参考物。船员接着便用导航接收机接收2号导航台的导航信号，测量出渔船与2号导航台的距离为 D_2 海里。说明渔船又是在一个以2号导航台为圆心，以 D_2 为半径的圆周上。

　　由此可以知道，渔船的位置同时处于两个不同半径 (D_1, D_2) 的圆周上。这样可能有两种情况：两圆相切而交于一点；两圆相交而交于两点。在大多数的情况下是两圆相交而交于两点，那么渔船究竟位于两点中的哪一点呢？一般还要启用第三个参考物，也就是再找出与3号导航台的距离 D_3。同样再画一个圆，看出这一个圆的圆周经过上述两点中的哪一个点，于是渔船的位置也就被确定了。

　　以上渔船定位的方法叫做圆定位法。在此定位的过程中，作为参考物的导航台都是建在地球上的，对这样的定位系统，我们称作陆地基准的无线电定位导航系统，简称为陆基导航系统。

　　GPS系统定位和圆定位法实现定位的原理是相同的。但GPS系统的定位是在三维（长、宽、高）立体空间中进行的，要为用户提供三维的位置坐标，所涉及的问题比较复杂，也比较多。

GPS 系统的具体定位过程，可作如下描述：

假定用户至 GPS 卫星 S_1 的真实距离为 R_1，那么用户的位置可以肯定在以 S_1 为球心，以 R_1 为半径的球面 C_1 上；同样，假定用户至 GPS 卫星 S_2 的真实距离为 R_2，那么，用户的位置可以肯定在以 S_2 为球心，以 R_2 为半径的球面 C_2 上。由于用户的位置既在球面 C_1 上，同时又在球面 C_2 上，因而用户的位置必定在 C_1 与 C_2 两个球面的交线 L_1 上。显然，还需要借助第三颗卫星，才能最终解答出用户的确切位置。再假定用户至 GPS 卫星 S_3 的真实距离为 R_3，那么，用户的位置可以肯定位于以 S_3 为球心，以 R_3 为半径的球面 C_3 上。这样，用户的位置也必定在球面 C_2 和 C_3 的交线 L_2 上。可以看出，用户的位置既在交线 L_1 上，又在交线 L_2 上，因而用户的位置肯定在交线 L_1 与 L_2 的交点上。这个交点就是用户的确切位置。

GPS 系统的定位与圆定位法之间的主要差别是，后者导航台的地址是固定的，导航台的地址坐标是固定不变的，因而可以长期应用。而在 GPS 系统中，导航台设置在空间的 GPS 卫星上，卫星沿着自己的轨道不停地运转，每个导航台的地址都在随时变化。因此必须有一个地面卫星跟踪网络，不断地

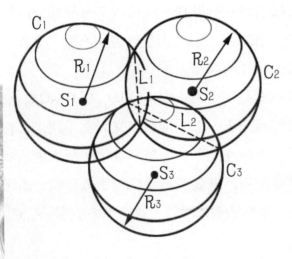

GPS 系统定位的几何原理示意图

对卫星进行跟踪，才能确定卫星在空间中任意时刻的精确位置。相对于陆基导航系统，我们把 GPS 系统称作空间基准无线电导航系统。

GPS 系统的组成

GPS 系统是由 GPS 卫星，地面的支撑系统和 GPS 信号接收机等组成的。

GPS 卫星

GPS 系统的空间部分，是由 24 颗卫星（21 颗工作卫星、3 颗备用卫星）所构成的星座。它们均匀分布在 6 个轨道面，运行在地球表面以上 20230 千米的近圆轨道上，环绕地球一周的运行时间为 12 小时。这样就能保证在地球表面的任何地方，都能提供多颗卫星同时观测。

GPS 卫星为通信设备、原子钟、计算机，以及系统工作所需的各种辅助设备等提供了一个平台。特别要指出的是，每颗卫星都安装有两台铷原子钟和两台铯原子钟。装在卫星上的时钟都是原子钟，具有极高的频率稳定度。铷钟 30 000 年才发生 1 秒钟的误差；而铯钟误差 1 秒的时间则是 300 000 年。计划将来采用频率稳定度更高的氢原子钟。它发生 1 秒钟误差所需的时间为 30 000 000 年。

便携式GPS信号接收机

GPS卫星的主要功能是向广大用户连续不断地发送定位导航信号（一般称作GPS信号），并用导航电文通报自己的当前位置，以及其他在轨卫星当前的概略位置。

具有GPS定位功能的手机

在飞越地面注入站上空时，接收由地面注入站发送给卫星的导航电文和其他信息，并通过GPS信号适时地发送给广大用户。

接收地面主控站的控制，执行主控站发布的各种调度命令，例如改正运行误差、启用备用时钟等。

地面支撑系统

GPS地面的支撑系统，由1个主控站、3个注入站、5个监测站组成。

主控站拥有以大型计算机为主体的数据收集、计算、传输、诊断等设备。主控站根据各监控站对GPS卫星的观测数据，计算出卫星的星历、卫星钟的改正参数等，并将这些数据传输给注入站，再由注入站发射给卫星；同时对卫星进行控制，如向卫星发布命令；当工作卫星发生故障时，调度备用卫星等。另外，它还具有监控站、跟踪站的功能。

监控站的主要作用是接收卫星信号、监测卫星工作状态，从而为主控站编算导航电文提供观测数据。

GPS信号接收机

GPS卫星发送的定位导航信号，是一种可供任何时间、地点的无数用户共享的信息资源。为此就需要一种专用的 GPS 信号接收机，它的主要功能要求：

——能跟踪待测的 GPS 卫星。

——能处理、解译、解算 GPS 信号。能测量出 GPS 信号从卫星到接收机天线的传播时间，解译出 GPS 卫星所发送的导航电文，实时计算出用户的三维位置坐标，甚至是三维速度和时间。

GPS 信号接收机由硬件和软件组成。硬件主要包括：主机、天线以及电源。软件包括：机内软件、数据处理软件包。

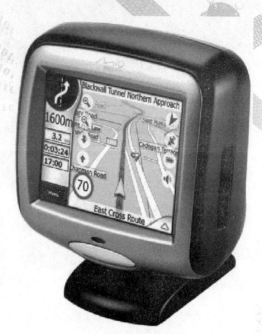

车载式GPS信号接收机

由于 GPS 系统具有精确定位导航的性能，同时又是被动定位方式，因而得到了广泛的应用。根据应用场合的不同，GPS 信号接收机可以分为：袖珍式、背负式、车载式、船载式、机载式、弹载式和星载式 7 种型号。

GPS 系统的不足

GPS 系统存在的主要问题就是抗干扰能力很差。这是由于 GPS 信号极其微弱而引起的。接收机天线所接收到的 GPS 信号，就像深埋在汪洋大海般的噪声之中。一旦受到很小的干扰，就会使 GPS 接收机无法正常工作，使其定位、导航精度降低，甚至误导，这将产生不堪设想的灾难性后果。

为了提高 GPS 系统的抗干扰能力，人们正努力研制抗干扰技术。

首先，研发自适应调零天线。当干扰出现时，天线方向图在对准干

扰 的 方 向 自 动 产 生 零 点 ， 可 有 效 降 低 干 扰 的 影 响 。

其 次 ， 加 大 精 码 的 发 射 功 率 。 精 码 是 美 国 及 其 盟 友 使 用 的 一 种 定 位 精 度 最 高 的 保 密 码 ， 即 P 码 ， 一 般 称 作 精 码 。 本 来 P 码

逐鹿于卫星导航领域的系统

和民用的 C/A 码是混合发射的，现在为了提高 P 码的抗干扰能力，将两码分开发射，同时还要提高 P 码的发射功率。

竞争的格局

GPS 系统是由美国军方为取得军事优势而发展的，只有在保障美国自身安全的前提下，才能提供民用。由此，它把用户分为三类。一类是美国及其盟友，可以使用定位精度最高的 P 码，一般称作精码。第二类是民用，这是为占领市场而不得不公开的定位精度较差的 C/A 码，一般称作粗码。第三类，则是敌对的军用

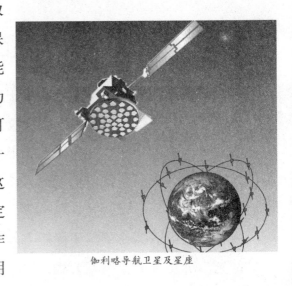

伽利略导航卫星及星座

方，可以采用公开的 C/A 码而无法阻止其使用。为了应对这种情况，美国军方就有可能在危急时刻关断 C/A 码的播发，显然，这将使许多国家失去安全感。

为了打破美国的垄断，俄罗斯耗资 30 多亿美元，建起了自己的"格洛纳斯"卫星导航系统。2002 年，欧盟启动了"伽利略"全球卫星导航系统计划，于 2008 年投入运营。

中国自 20 世纪 80 年代引进了首台 GPS 接收机以来，已经成为 GPS 应用的大国。作为一个拥有广阔领土和海域的国家，中国有能力，也有必要拥有自己的卫星导航系统。因此，中国数年前已建立了双星定位试验系统，而今正在实施北斗全球卫星导航系统的计划。

俄罗斯的格洛纳斯系统

早在 20 世纪的 80 年代初，俄罗斯已经开始了格洛纳斯卫星导航系统的建设。该系统由 24 颗卫星组成，并分布在三个近圆轨道平面上，轨道高度为 19 100 千米，运行周期为 11 小时 15 分。

格洛纳斯卫星导航系统采用了军民合用、不加密的开放政策。到 2009 年，格洛纳斯系统扩展至全球，参与同 GPS 系统的竞争。

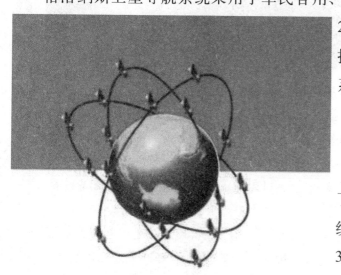

格洛纳斯星座

欧盟的伽利略系统

1999 年，欧盟提出了建设伽利略卫星导航系统的计划，并于 2002 年 3 月正式启动。整个系统包括 30 颗卫星和相关的地面设施，总投资约34亿欧元。

伽利略卫星导航系统具有很强的抗干扰能力。它采用了两种不同的频段，就像有了双保险。若使用伽利略卫星导航系统，飞机可以在任何机场降落无须考虑机场的技术设施如何；火车可以做到无人驾驶，并且还能高密度运行；轮船在大雾中航行能确保安全。

伽利略卫星导航系统，是世界上第一个基于民用目的而研发的系统，建成后可以覆盖全球。它采用了大量的高新技术，其性能比早期发展的GPS系统、格洛纳斯系统好得多。

即将开始投入运营的伽利略卫星导航系统，以及格洛纳斯系统，都

知识链接

数字地球

1998年1月31日，美国副总统戈尔在加利福尼亚科学中心首次提出了"数字地球"这个概念，设想把有关地球的、多分辨率的、三维的、动态的数据地理坐标集成起来，形成一个"数字地球"。

借助于这个"数字地球"，人们无论走到哪里，都可以按地理坐标了解地球上任何一处、任何方面的信息。一个孩子戴上头盔显示器就能看到加加林和阿姆斯特朗曾经在太空中见到过的地球的样子；他可以把所选择的国家和地区逐步放大，看到某个城市的某个街道，甚至某幢楼房中的一盆花。

对于整天为堵车着急上火的驾驶人员，在出发前，可从电脑上查询行车路线的地形、公路网、桥梁等信息。如果愿意，你还可戴上显示头盔，先纵览"城市"全貌，再看包括街道、树木、房屋在内的诸多细节。

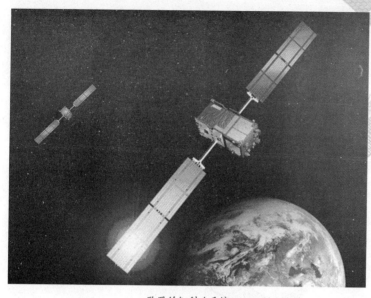

欧盟的伽利略系统

将打破 GPS 系统一统天下的局面，这种竞争必将为全球的用户带来好处。

我国的北斗卫星导航系统

卫星导航系统对于一个国家的国防、导航、通信、气象、金融、新闻，乃至社会生活的方方面面都有着极大的影响，尤其是对维护国家利益具有重大意义。多年前，我国就着手建立自己的卫星导航系统，从双星定位试验系统，直至今天开始的全球卫星导航系统的启动，都说明中国已跻身于世界卫星导航系统之列。

2000 年，我国的北斗导航试验系统已经开始建立。由于是试验系统，我们采用了双星方案，以及主动式定位方式。整个试验系统共有三颗卫星，其中两颗工作卫星，一颗备用卫星。第一颗试验卫星于 2000 年 10 月 31 日发射，12 月 21 日发射了第二颗，最后一颗于 2003 年 5 月 25 日发射。

双星定位系统在过去数年的运行过程中，工作稳定，状态良好，并已广泛应用于测绘、电信、水利、

勘察、渔业、交通运输、森林防火，以及国家安全等领域，发挥了重要的作用。

双星定位系统相对来说比较简单，但投资少、速度快。同时，试验系统的建立和运行，能积累经验，对我国全球卫星导航系统的建立，发挥了重要的作用。

北斗双星定位系统示意图

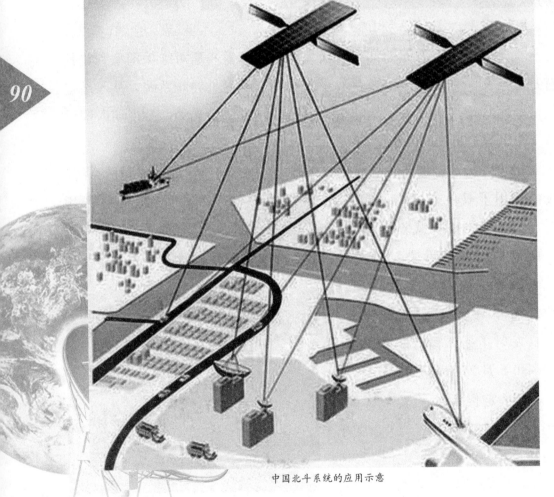

中国北斗系统的应用示意

在双星定位试验系统的基础上，中国正在着手建设北斗卫星导航系统。2007年2月3日和4月14日，我国按计划先后发射了两颗导航卫星。

北斗卫星导航系统主要用于国家经济建设，为中国的交通运输、气象、通信、石油、公安、海洋、灾害预报、森林防火，以及其他特殊行业提供有效的定位导航服务。

北斗卫星导航系统的空间段，既有静止轨道卫星，也有中轨道卫星。其中静止轨道卫星有5颗，中轨道卫星有30颗。

北斗卫星导航系统可提供开放式和授权式这两种服务方式。开放式服务免费提供定位、测速、授时服务：定位精度为10米，授时精度为50纳秒，测速精度为0.2米/秒。授权式服务则向授权用户提供更安全的定位、测速、授时与通信服务。

北斗卫星导航系统与GPS系统、格洛纳斯系统以及伽利略系统最大的不同，在于它不仅能使用户知道自己的所在位置，而且用户还可以告诉别人自己的位置在什么地方。这一性能特别适用于交通运输、调度指挥、搜索营救、地理信息实时查询等。

七、 量子通信

随着信息爆炸式的增长和信息交流的需要，人们对通信提出了更高的要求。然而，以微电子为基础的经典通信技术，已面临发展极限。1965年，摩尔在总结存储器芯片的增长规律时，发现"微芯片上集成的晶体管数目每12个月翻一番"。这就是摩尔定律。

目前，大规模芯片生产的线条宽度已达0.18微米。按此定律，10多年后，芯片上的线条宽度将面临0.05微米的物理极限，摩尔定律遭到了挑战，并将走到它的尽头。

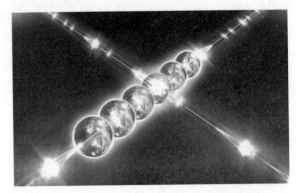

与此同时，人们从微观世界着眼，探索了一种更新更好的通信方式——量子通信。

量子物理学的奠基人普朗克

　　普朗克出生于德国的基尔。他先后在慕尼黑大学和柏林大学学习，1879年获得博士学位。1894年，普朗克被选为普鲁士科学院院士，开始从事黑体辐射方面的研究。经过5年的努力，他发现了辐射定律，并于1900年提出了世人瞩目的能量子假定。这标志着量子论的诞生。

　　普朗克所提出的能量子假定是一个划时代的发现，第一次向人们揭示了自然非连续的本性。基于对量子物理学的巨大贡献，普朗克荣获1918年诺贝尔物理学奖。

什么是量子通信

　　量子通信，是量子力学与信息科学相结合的产物。

　　量子是微观世界里物质粒子的非连续运动。最早发现量子的是德国物理学家普朗克。1900年他研究热辐射规律时，发现在光波的发射和吸收过程中，物体能量的变化是非连续的，这种不连续的最小能量单位便是能量子。这个划时代的发现，打破了一切自然过程都是连续的经典理论，第一次向人们揭示了微观自然过程的非连续本性，或量子本性。

　　在这个基础上，经过爱因斯坦、玻尔、海森伯、玻恩等科学家的创新努力，到20世纪30年代，研究微观粒子运动规律理论的量子力学终于诞生。量子力学是近代物理学大厦的基础，它与爱因斯坦的相对论一起，成为20世纪物理学的两大突出成就，影响了整整一个世纪科学技术的迅猛发展。

　　当量子力学与信息科学一经结合，许多鲜为人知的量子特性，为信息科学带来了意想不到的影响和震动，特别在量子通信、量子密钥，以及量子计算机等领域，已经发生或即将发生翻天覆地的变化。仅就量子通信而言，它将要彻底改变经典通信的一切。

量子通信技术是继发明电话和实现光纤通信后，在通信技术上的又一个划时代的革命。量子通信同基因技术一样，是当代世界科技研究和发展的热点。

微观世界里的量子态

世界上的所有物质都是由细小的原子组成，而每粒原子有一个被电子包围着的原子核，细小的原子核内含有不带电荷的中子，以及带正电荷的质子。而带负电荷的电子则沿着轨道环绕原子核运行。

量子态，就是指原子、中子、质子、电子等粒子的状态，它可以表征粒子的能量、旋转、运动、磁场，以及其他的物理特性。在这里，量子可以代表为原子、中子、质子、电子等任何一种粒子。

量子态的概念极为重要，因为量子态在量子通信中，要发挥极其重要的作用——承担通信载体的功能。

原子结构图

量子是一种"十分玄妙的东西"，因为量子所具有的一些特性是常人难以理解的。例如，如果一只老鼠准备绕过一只猫，按照经典物理学的理论来分析，这只老鼠要么从猫的左边跑过去，要么从猫的右边跑过去。

但是，按照量子理论来讲，这只老鼠可以同时从猫的左边和右边跑过去。这真是一种奇特的性能，真是令人难以置信！

神秘的"量子纠缠"

在很多科幻小说中，具有特殊功能的人，或是"幽灵"，往往能从某一地方突然消失，瞬间又出现在遥远的另一个地方。就像我国的古典小说《封神演义》里的土行孙，他会突然消失，一转眼又从别的地方冒了出来。

在实际生活中，这种"瞬间转移"现象，从经典物理学的观点来看，是完全不可能的，荒谬的。但是，在微观世界里，量子力学却能正确描述并证明，量子具有这种神秘的性能。

知识链接

玻尔与量子力学

丹麦科学家玻尔是原子物理学的奠基人，1922年获得诺贝尔物理学奖。1903年，他进入哥本哈根大学数学和自然科学系，主修物理学。1909年和1911年分别获得哥本哈根大学的科学硕士和哲学博士学位。玻尔一生从事科学研究达57年之久。他的研究工作开始于原子结构未知的年代，结束于原子科学已趋成熟，原子核物理已经得到广泛应用的时代。他对原子科学的贡献使他成为20世纪上半叶与爱因斯坦并驾齐驱的最伟大的物理学家之一。在普朗克提出能量子假定后，他采用普朗克的量子概念，提出了至今仍很重要的原子定态、量子跃迁等概念，有力地冲击了经典理论，推动了量子力学的形成。

1921年，在玻尔的倡议下成立了哥本哈根大学理论物理学研究所。玻尔领导这一研究所先后达40年之久。这一研究所培养了大量的杰出物理学家，在量子力学的兴起时期曾经成为全世界最重要、最活跃的学术中心，而且至今仍有很高的国际地位。

所谓"量子纠缠"，是指不论两个量子之间的距离多远，一个量子的变化都会影响另一个量子的现象。也就是说，两个量子之间不论距离多远，从根本上讲它们都是相互联系的。科学家认为，这是一种"神奇的力量"。爱因斯坦对于量子之间的这种"纠缠"现象，则称为"遥远地点间幽灵般的相互作用"。

量子通信可以实现无时延的星际通信

这样，一个量子的量子态，就会"瞬间转移"到另一个量子上，而且，两个量子之间的距离可以任意遥远。

由于"量子纠缠"所产生的这种"神奇的力量"，已经成为量子通信、量子密码通信以及量子计算机的应用基础。

无形的"量子信道"

既然两个量子之间的距离不论多远，其中一个量子的量子态能够"瞬间转移"到另一个量子上，那么，其间是否存在着某一条可供量子态传输的通道呢？事实正是这样。这就是量子通信中的"量子信道"。

量子信道普遍存在于微观世界里。所谓"量子信道"，就是量子或量

我国科学家正在进行量子纠缠实验

子态在里面传输而又不受影响的通道。它就像光通信中光纤提供的光学通道，或是通信中的一般线缆。但是，光纤和线缆都是有形的，是我们可以看得出，摸得到的；而"量子信道"却是无形的，迄今为止还从未被人们观测到。

讲到量子信道是无形的，也许我们会想到无线电通信的信道好像也是无形的。其实无线电通信的信道与量子信道完全不同，它有对应的工作频率、工作带宽等确知的性能参数，因而通过仪表测试，就能立即找到它。

基于量子纠缠的事实，量子信道肯定是客观存在的，问题是如何才能找到它呢？

我们知道，电子带的是负电荷，它在带正电荷的原子核的吸引下，电子被束缚在原子内部。如果电子在一段时间内没有获得足够的能量，它就无法

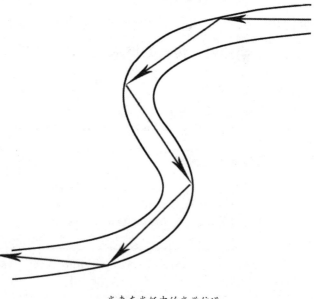

光束在光纤中的光学信道

"逃离"原子核的束缚。但量子力学可以提供另一种方法，即电子可以直接通过"量子信道"逃离出来。这一现象，物理学里就叫做隧道效应。

为了证实"量子信道"的存在，德国科学家利用百亿分之一秒的激光脉冲攻击氖原子，由此观察到了隧道效应的全过程，从而有力地证明了"量子信道"的存在。

试想一下，在我们的现实生活中，是不是也能找到这种奇妙的隧道，并使我们自己也能瞬间转移？量子力学的发展，已经为人类铺就了从幻想走向现实的一条大道。经过人类不懈的努力，也许某一天，我们会带着自己的喜悦和梦想，在打个喷嚏的一刹那，我们就被瞬间传输到遥远的星球上，甚至是外太空！

奇特的"量子叠加"特性

量子叠加特性，是量子又一个古怪的特性。它对量子信息也是至关重要的。

为了更为直观地说明这个问题，我们还是从宏观世界谈起。在数字通信中，或是在电子计算机里，我们通常用二进制的"0"和"1"来表示我们所要处理、传输的信息，或计算机需要进行的某些存储、运算等。

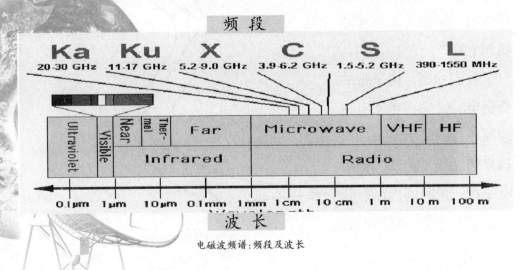

电磁波频谱：频段及波长

上述的"0"和"1"表示为信息的最小单位，叫做经典比特。一个比特，代表了两种不同的状态。例如，"1"表示为电灯的打开状态，而"0"则表示为电灯的关闭状态。另外，对信息比特的"0"和"1"的处理、传输、存储、运算等，都要有很多物理系统或部件帮助实现，例如硬盘、U盘等。应当特别指出的是，任何一个经典比特，只能表征一个状态，要么是"0"，要么是"1"。

但是在微观世界里，上述情况就完全不同了。与经典比特相对应的量子比特，具有想象不到的奇特性能，即"量子叠加"特性。

所谓"量子叠加"特性，就是一个量子比特可以同时表征"0"和"1"，也就是说，"0"和"1"两个完全不同的状态，可以同时表征在一个量子比特上。

下图是说明"量子叠加"特性最有名的试验装置，即"薛定谔猫"。在这一试验装置中，有一只猫被封在一个密室里，室内有食物，有毒药。在毒药瓶子上有一个锤子，锤子由一个电子开关控制，电子开关由放射性原子控制。如果原子核衰变，则放出阿尔法粒子，会触动电子开关，锤子落下，砸碎毒药瓶，由此释放出氰化物毒气，猫必死无疑。

薛定谔猫

这个残忍的试验装置是有名的物理学家薛定谔设计的，因此被称为"薛定谔猫"。由于原子核衰变是随机的，所以在不打开密室盖子时，我们也就不知道猫是死，还是活。这就是猫的两种状态。但是，若用量子力学的薛定谔方程来描述薛定谔猫时，则只能说：这只猫处于一种活与不活的叠加态。

再举一个例子。假设一个 N 位物理比特的存储器。如果它是经典存储器，它只能存储 2N 个可能数据中的任一个；如果它是量子存储器，则它可以同时存储 2N 个数据，而且随着 N 的增加，其存储的信息数据将按指数上升。

量子叠加特性，对于量子通信至关重要。特别是它将使量子计算机的信息处理和存储能力比目前的计算机有质的飞跃。例如在攻击现有密码体系时，用传统的计算机要花费上千年的解算时间，而用量子计算机只需要数分钟。

量子密码通信

在第二次世界大战中，德国军队使用了著名的、被认为保密性能最好的"恩格玛"密码，结果被波兰人和英国人成功破译，使盟军提前知道了德国的许多重大军事行动。而在太平洋战场上，美军破译了日本的高级密码——"紫密"，从而击毙了在飞机上的日本海军大将山本五十六，扭转了美军在太平洋战场的被动局面。从这些典型范例，我们可以看出，信息的安全性主要依赖于密钥的秘密性。

密钥，就是通信双方的暗号，是预先设定的协议，使外人不知道暗号所代表的含义。但是，有加密就有解密。特别是计算机的应用，对密码的安全构成了巨大的威胁。这是因为在经典密码通信中，密钥的编制，只是使计算复杂化，使窃听者在有限的时间内不能破译密码。然而计算机的速度越来越快，密钥的破译也变得容易起来。特别是当密钥被窃时，原通信者毫无知晓；而密钥被窃密者非法复制时，也可以做到"神不知，鬼不觉"。

但是，在量子密码通信中，量子密码却能保证保密通信的绝对安全，

击毙山本五十六

可以说是"万无一失"。

量子不确定性原理和量子不可克隆定理，是构成量子密码术的物理基础。根据这些定理，在正常的量子密码通信中，一旦有一个窃密者企图窃取信息，他必然要截取量子信息，但是，就在他截取量子的瞬间，作为信息载体的量子态，也会瞬间改变，使信息失真，达不到窃密的目的；同时，对于正在进行量子密码通信的双方，也会立即发觉发生了信息被窃事件。由此可以看出，在量子密码通信过程中，只有双方确认共享密钥未被窃密，方可用来进行保密通信。

量子通信的特点

量子通信，相对于经典通信而言，可以说是一次革命，也是一种质的飞跃。它具有许多鲜为人知的特殊性能。

超光速的信息传输速度 从理论分析得知，量子通信能以超光速的速度传输信息，因而，量子通信与通信双方之间的距离无关。考虑到传输路径中某些因素的影响，量子通信的传输速度至少要比光通信高出1000万倍。由此不难看出，量子通信对于通信距离异常遥远的深空通信来说，将是一个最佳的选择，也许到了那个时候，距离异常遥远的深空

海森伯及不确定性原理

德国物理学家海森伯，量子力学创立者之一。他在父亲——慕尼黑大学一位教授的言传身教下，从小培养起进取心和自信心，敢于突破，敢于创新。他 22 岁获慕尼黑大学博士学位后，就拒绝德国莱比锡大学让他担任副教授的聘请，甘愿到丹麦哥本哈根担任玻尔的助手。他视学术追求高于物质享受，珍视与物理大师玻尔和充满活力的哥本哈根学派共事的机会。在良师益友的指导帮助下，他在科学道路上披荆斩棘，以非凡的创造力，取得一个又一个突出成就。1933 年获诺贝尔物理学奖时，他才 32 岁。

1927 年海森伯发现了不确定性原理和不可克隆原理。不确定性原理可描述为：任何时候也不可能同时精确地了解微观粒子的位置和速度。如果要想测定特定时刻的粒子位置，则粒子运动立即遭到破坏，以致无法重新找到该粒子；如果要精确地测出粒子的速度，那么它的位置图像就会模糊不清。

通信，也将成为实时通信。

超大的信息容量 由于量子具有叠加特性，对于每一个量子比特而言，均可处于两个本征态的任意叠加态，而且，适当的选择本征态的复系数，就可以在一个量子比特中编码出无穷多的信息。

极强的抗干扰能力 量子通信，是借助于量子纠缠特性所实现的一种通信。因而，量子通信是一种不加外力的信息传输方式，不需要任何传输线路，也不经过通信双方之间的空间。显然，量子通信根本不会受到任何环境的影响，具有极强的抗干扰能力。

安全保密　量子通信是目前科学技术界公认的、唯一可以实现绝对保密的安全通信方式。量子的不确定性原理（又称量子测不准原理），以及量子不可克隆原理是构成量子密码通信的物理基础。

环保通信　量子通信不需要任何的通信媒质，因而也就不存在任何的电磁辐射污染。

量子通信的进展

1993 年，美国 IBM 公司的研究人员首先提出了量子通信理论，立即引起了各国特别是发达国家如美国、欧盟、日本等的重视。我国也将量子通信列入国家中长期科学和技术的发展规划。虽然量子通信的发展才走过十几年的时间，但量子通信技术在理论上和实践上，均已取得了较大的进展。

据报道，一个由奥地利、英国、德国研究人员组成的研究小组，在量子通信研究中创下了通信距离达 144 千米的最新记录，并且认为，利用这种方法有望在未来通过卫星网络，可以实现信息的太空绝密传输。

在量子通信、量子密码通信，以及量子计算等领域，我国已和国际同步发展，其中的某些研究还处于领先地位。如我国 35 岁的

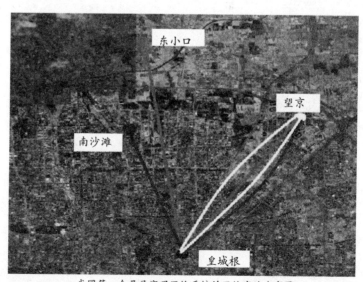

我国第一个量子密码网络系统的网络实地分布图

潘建伟教授，在量子信息研究的世界学术前沿领域，取得了一系列开创性成果，将我国多粒子纠缠态实验研究带入到国际领先水平。他在世界上首次制备了三光子、四光子和五光子纠缠态；首次发现了量子态隐形传输；首次实现了目前国际上最长距离的基于纠缠的自由空间的量子通信；首次实现了两粒子复合系统量子态的隐形传输，并且第一次成功地实现了对六光子纠缠的操纵。

当然，量子通信的真正普及应用，还有很多困难有待我们去克服。但我们深信，量子通信技术将会有更快的发展。在不远的将来，将会实现天地合一的全球量子通信网络。

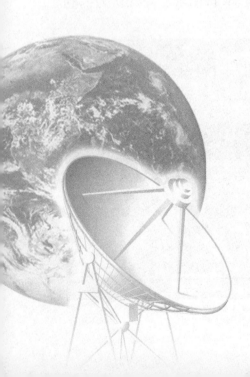

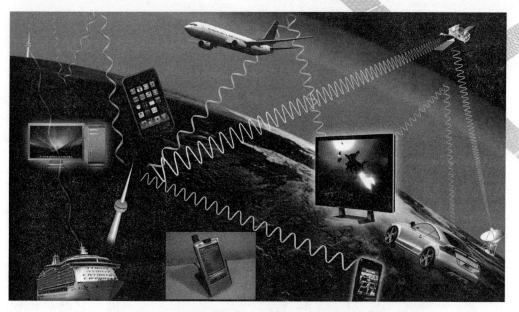

八、未来的信息化社会

在 未来通信世界里，互联网、无线通信以及多媒体等通信技术的迅猛发展，使我们的生活、学习、娱乐和商业购物等方式将发生极大的变化。通信技术和其他高科技融合在一起，将给我们的世界带来更多、更美好的奇迹。

以下是 A 先生一家在未来的信息化社会中生活、工作、学习、娱乐和购物的方式，请看他们向我们展示未来信息化社会的美好蓝图。

电视会议

A 先生是 H 公司的职员。他和妻子及两个上小学的孩子居住在郊外的住宅区。

清晨醒来，A 先生取出了一款新颖的无线宽带网络电话，用这部手机可以和世界各地联系。这种手机除有一块通常的小显示屏外，还设有

多媒体电视会议

一块隐藏在手机内的抽拉式卷轴显示屏。使用时，只要将其拉出，它便成为一块相当于一张报纸大小的显示屏。这种网络电话机还设有音响输入系统和微型摄像机，它既可供使用者收听音乐，还具有发送图像的功能。

A先生拉出电子报纸，阅读当天的新闻要目，然后自由选择有关的内容阅读。早餐后，他回到自己的房间开始上班。他每周只需去公司一次。今天将有一个例会，挂在墙上的大屏幕上显现出一个个分隔开的画面，有总公司会议室、在家上班的有关职员的脸容。与会者犹如都在同一个会议室中。

多媒体电视会议，可把分处不同地方的人"聚"在一起开会，就像真的共聚一堂一样，既闻其声又见其人。这样，可以大大提高工作效率，节省了出差所花费的时间和金钱。

在工作间隙，A先生坐到一台小型装置前，测量自己的心率和血压，并将检查结果传送给医生。不一会儿，医生在显示屏幕上给A先生分析了检测数据，并提出了必要的保健建议。远地医疗可以使大城市的医生为缺医地区的病人看病。医生不仅可对病人察言观色，查询病情，而且病人的各种化验数据也可以传送给医生，使医生能做出正确的诊断。

轻松购物

此时，A先生的夫人正端坐在客厅的网络电视前，她已从屏幕上调出了居家购物的画面，在确认了衣服的款式和颜色后，现在正在订货。

在未来，在家购物也是极有魅力的服务。用户可以坐在家里把某商场货架上的资料调来，显示在屏幕上以供挑选，有不清楚的地方还可以通过和售货员对话进行查询。如果是选购衣服，还可以一件一件单独显示出来供挑选。初步看中后，还可把自己的身材数据输入，利用计算机图形技术，把衣服"穿"在顾客身上，让顾客从不同角度观看。决定购买后，把自己账户密码输入，办完付款手续后，商店便可送货上门。

此外，还可以通过一种特殊的装置来挑选商品，进行购物。原来，科学家已经发明了一种类似"手套"的装置。该装置的关键在于一种由微型马达和压板构成的神奇手套。戴上这种"手套"，人们就可以通过网络传输手掌触摸的力度以及皮肤感觉等信息。

发明这种"触摸"技术的是英国贝尔法斯特女王大学的科学家马歇尔。利用这种奇妙科技，马歇尔安排一个在贝尔法斯特市的人与另一名在伊普斯威奇市的人进行了一次虚拟握手。结果，虽然相距近500千米，两人不

仅可以通过显示器遥遥相望，而且可以感受到他们的手握在一起。

这种新型触摸装置将不仅能使人通过互联网实现"握手"，而且人们在网上购物时，还可以利用这种技术来触摸、挑选商品，甚至利用它能够在网上打网球，感受到对手发球的冲击力。

"下载"商品

A先生的夫人想添置一些厨房用的器皿，A先生让她从网上下载，然后再打印出来。这是怎么一回事呢？原来，随着三维立体打印机的发明，这一切将有可能变为现实。

这种三维立体打印机是用液体或粉状塑料来制造物品的，其运作原理和传统打印机十分相似。

打印机的原料主要是塑料，其中还混合了铝和玻璃。它配有熔化尼龙粉的卤素灯，可用于加热和熔化原料。打印机对一层层熔化的塑料进行叠加，形成一个个立体模块。这样，它就能生产整套彩色塑料盘、碟和碗。

此外，它还能混合生产一些简单的在低温下能熔解的合金组件与电路。打印机生产的物品长宽高不超过4厘米。但大件物品可以先将其分成一个个的小部件来生产，然后再进行简单的组装。

我们从网络购买喜欢的商品，然后不需要快递送，直接可以从网上下载想要购买的商品。最后，再用三维立体打印机"打印"出来即可。

3D打印机的原料是塑料

体验 3D 打印

你是不是梦想有一张机器猫的立体复印纸？多神奇呀，任何东西放在上面，瞬间就会出现一个一模一样的立体复制品。别急，不久的将来，你家也能拥有一台类似的 3D 打印机。现在，我们就来先睹为快，领略一下神奇的 3D 打印机。

我们先来打印个塑料金字塔，看看 3D 打印到底是怎么回事。

3D打印机

第一步：设计物体。用软件绘制出金字塔的 3D（立体）模型。软件会自动将金字塔分成很多层，每层仅 100 微米厚。这样做是为了便于 3D 打印机"逐层"打印。

第二步：开始打印。这个 3D 打印机有两排喷嘴：一排用于喷射蜡，另一排则用于喷射制造金字塔的塑料。蜡是金字塔的底座，起到临时支架的作用。

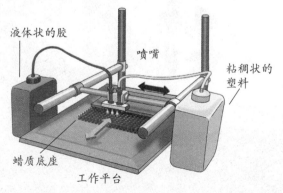

液体状的胶　喷嘴　粘稠状的塑料　蜡质底座　工作平台

第三步：逐层打印。打印完一层后，打印头向上移动，继续打印第二层……就这样一层一层往上打印，层层叠加，就像盖楼一样。

第四步：紫外线照射。金字塔打印好后要进行紫外线照射，使塑料进一步凝固。

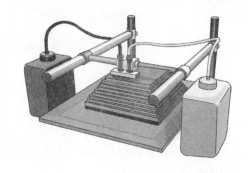

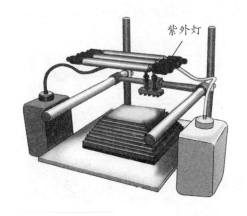

紫外灯

第五步：烘箱加热。将金字塔连同"底座"放入烘箱中70℃加热，使蜡质"底座"融化。这下，就只留下耐高温塑料制成的金字塔啦！

未来的网络大学

A 先生的两个孩子安和杰在上大学。他俩坐在终端前，正在完成从学校传送来的作业。如有疑问，可在屏幕上向老师请教，或接通电子图书馆寻找有关资料。

两位少年上的是网络大学，通过网上课时点播、网上答疑系统、BBS 等形式，进行实时和非实时的辅导、答疑、交流，学校就能

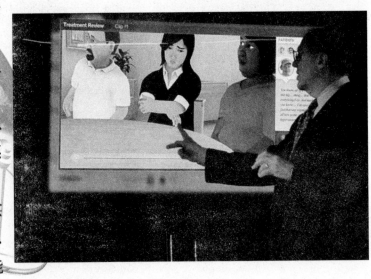

帮助学生完成高等教育的学业。

在网络大学内，不仅具有完善的校内局域网，校园内任何有人活动的地方——宿舍、教室、办公室、图书馆、实验室、体育设施等处的计算机都被连接起来，而且能与周边地区内的局域网连接，形成一个具有一定规模的区域网。它还能与全球的互联网连接，检索到需要的资料。

网络大学进行网络教育的关键，是一个被称为交互性多媒体教育系统，它能提供文字、图表、声音、动画、影像、数据和其他信息，将使学生选择最适合的时间按自己需要接受课程教学。这是网络型大学的又一个重要基础建设。

安爱好音乐，喜欢吹奏黑管。令她特别感兴趣的是大学里的音乐专业，她曾在网上多次观看了该校举办的音乐会、歌剧和演奏表演，并利用计算机的虚拟技术，两次与王牌大学管弦乐队同台演出，还在网上向该校的音乐教授"面对面"讨论演奏技巧，并接受指导。

杰除了主修生物学专业外，他还在网上选修了生物统计学。而授课的导师则是另一所大学的一位诺贝尔奖荣膺者。

此外，杰还在网上采用"远程学习"的方法，以实习医生的身份，

每星期通过网络，在远隔重洋的一家医院里进行"虚拟"的临床实习。利用和高清晰屏幕相连的操作杆，可以进入那家医院的手术室，并对躺在病床上"虚拟病人"，进行手术。这位"虚拟病人"是由电脑三维图像技术合成的，几乎和真人一样。

"身临其境"的娱乐

午休期间，A 先生打开了高清晰的交互式电视，大家坐下来观看电视。

今天，人们观看电视节目完全是被动的，电视台播放什么便观看什么。交互式电视则可以做到观众想看什么节目，电视台便通过网络把该节目传送到电视屏幕上。这样，便可使千家万户都能同时观看各自所喜爱的节目。

要实现交互式电视，就要在约 4000 ～ 5000 户家庭范围设立一个电视中心 (网络节点)，在这里配备有节目库和自动交换装置。在观众这一边则应有 CATV 终端 (装在电视机上的转换盒)。观众根据节目库的目录挑选自己喜爱的节目，通过 CATV 终端把要求告诉电视中心，电视中心将由自动交换装置把该节目自动调出，经 CATV 网送到观众的电视机。

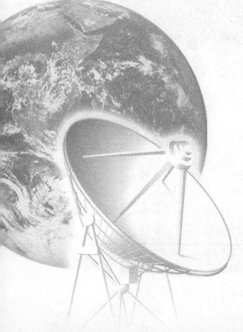

测 试 题

一、选择题

1. 为了能早日找出朱令同学的病因，贝志诚等同学将译好的病情资料，在互联网上发布之后，仅仅过了很短的时间就收到了回信。这个很短的时间是___。

   A. 3个小时　B. 5个小时　C. 1天　D. 2天

2. 电子邮件地址一般由几部分组成，其中用一个特别的符号隔开。这一特别的符号是___。

   A. ⊙　B. *　C. #　D. @

3. E-mail(电子邮件)是一个了不起的通信工具，它给我们的生活、学习和工作都带来了极其深刻的影响。发明电子邮件的是___。

   A. 托姆林森　B. 布什　C. 盖茨　D. 普朗克

4. 多年以前，我国就成功发射了地球静止轨道通信卫星，先后承担了广播、电视传输，以及通信等业务。其中，第一颗静止轨道卫星的发射时间是___。

   A. 1970年　B. 1984年　C. 1990年　D. 1996年

5. 1897年，马可尼进行横跨海峡的无线电通信取得成功，同时也宣告了移动通信的诞生。在这次试验中，通信的双方所处的状态是___。

   A. 某一端时而固定，时而移动　　　B. 两端均为固定

   C. 两端均为移动　　　　　　　　　D. 一端固定，一端移动

6. 在第三代移动通信的发展中，我国实现了零的突破，自主提出了第三代移动通信的国际标准。这个标准是___。

   A. WCDMA　B. CDMA2000　C. TD-SCDMA　D. WCDMA2000

7. 在蜂窝移动通信网中，为了减少移动电话服务区的覆盖重叠和对频率组的要求，服务区的形状采用圆内接多边形进行组合，其中最好的多边形是 ___。

   A.等边三角形　B. 正方形　C. 正六边形　D.正八边形

8. 4G 移动通信可以采用带宽传输，把高度清晰的___送到用户手机上，使"千里眼"变成现实。

   A.信号　B. 视频　C. 网页　D. 数字

9. 北大山鹰登山队在 2002 年 7 月攀登雪山时发生了山难，有多名登山队员遇难。其中最主要的原因是未带 ___。

   A.御寒装备　B. 向导　C. 足够食品　D. 卫星电话

10. 1945 年，A. C. 克拉克提出了在赤道上空，离地面高 35 786 千米的卫星轨道上，等间隔地放置三颗卫星就能构成全球通信。这条卫星轨道就是有名的___。

    A.低轨道　B. 中轨道　C. 高轨道　D. 静止轨道

11. A.C.克拉克的设想提出后，经过许多科学家的努力，终于把设想变成现实，卫星通信不久便正式投入商用。正式应用的时间是 ___。

    A.1955年　B. 1965年　C. 1975年　D. 1985年

12. 当太阳、地球和卫星运行在一条直线时，地球挡住了太阳对卫星的照射，这时所发生的天象叫做___。

    A.地星食　B.月星食　C.日凌中断　D.月食

13. 位于静止轨道上的一颗通信卫星，它能覆盖很大的地球表面，其最大覆盖面积可为地球表面的 ___。

    A.1/4　B. 1/3　C. 1/2　D. 3/4

14. 美国于___年 4 月 6 日发射了世界上第一颗实用的静止轨道通信卫星，命名为国际卫星 1 号。

    A.1955　B. 1960　C. 1965　D. 1970

15. 深空通信是指地球站与很远的宇宙站之间的通信，其间的距离一般为 ___。

    A.数千千米　B. 数万千米　C. 数十万至十几亿千米　D. 数十光年

16. 人类破天荒地第一次把地球人送到了月球上，这是美国阿波罗计划实施的结果。这件登月大事发生在 20 世纪的 ___。

A.60 年代　B. 70 年代　C. 80 年代　D. 90 年代

17. 在回顾深空探测的发展历程时，我们深刻地认识到，在深空探测中有一个占主导地位、且是至关重要的因素，它就是 ___。

A.火箭发动机　B. 飞船的重量　C. 通信　D. 计算机

18. 深空通信的最大特点是，通信距离极其遥远，因而深空地球站接收到的宇宙站信号一般都是 ___。

A.极其微弱　B. 一般　C. 很清晰　D. 无法判断

19. 深空地球站所用的天线一般都是很大的，其中最大的天线直径为 ___。

A.30 米　B. 50 米　C. 70 米　D. 90 米

20. 3G 手机已不再是单一的通话工具，而是有更多的新型业务，如手机上网、收发邮件、看手机电视，甚至还能遥控家电。其次，3G 的信息传输速度与 2G 相比，大约提高了 ___ 倍。

A.100　B. 200　C. 300　D. 400

21. 在第三代移动通信的发展进程中，我国的通信界终于实现了零的突破，首次提出了具有自主知识产权的第三代移动通信标准。这一标准的最大特点是 ___。

A.采用FDD方式　B. 采用TDD方式

C. 采用智能天线　D. 采用互联网方式

22. 在新一代互联网中，由于 IP 地址采用了 128 位编码，从而彻底解决了 IP 地址容量不足的限制。按保守方法估算，对于地球表面的每一平方米的面积上，就可以分配的 IP 地址数是 ___ 个。

A.250　B. 500　C. 1000　D. 2000

23. 网上聊天就是网上的即时通信。三位以色列青年，经过自己的艰苦努力，终于研制出世界上最早的网上即时通信产品。当时的时间是 ___。

A.1996 年　B. 1997 年　C. 1998 年　D. 1999 年

24. 握手就能交换信息，这是将人体当做传输信息的线缆，同时握手的双方还必须同时具有相同的____。

A.力量　B.通信装置　C.显示设备　D.密码

25. 目前，人体通信所能传输信息的速率已有极大提高和突破，其最高的信息传输速率已经达到____。

A.2Mb/s　B.5Mb/s　C.10Mb/s　D.15Mb/s

26. 在移动通信中，基站采用一种能自动跟踪用户，并且还能随用户的不同位置，自动调节信号强弱的天线，它就是____。

A.通用天线　B.性能良好的天线　C.全向天线　D.智能天线

27. SONY公司的人体通信系统，主要用于音响领域的信号传输，目前的信号传输速度已经达到____。

A.28Kb/s　B.38Kb/s　C.48Kb/s　D.50Kb/s

28. 正当第三代(3G)移动通信紧锣密鼓地向前冲锋之时，充满想象的另一种移动通信却悠然而来，给移动通信带来了新的推动，这就是____。

A.第3.5代移动通信　　　　B.第4代移动通信

C.改进的第3代移动通信　　D.第5代移动通信

29. 医疗植体通信所研究的是植入人体的嵌入设备与人体外的通信。心脏起搏器就是应用最早的植体设备，它的第一次正式应用是在____。

A.20世纪50年代　B.20世纪60年代

C.20世纪70年代　D.20世纪80年代

30. GPS系统的研制，历时20多年，全部投资为300亿美元，整个系统完全建成是在____。

A.1985年　B.1990年　C.1994年　D.2000年

31. GPS系统是由多颗卫星组成的，并均匀地分布在6个轨道平面上，包括工作卫星和在轨备用卫星，系统总共的卫星数为____。

A.24颗　B.36颗　C.48颗　D.50颗

32. 如今，GPS 系统获得了极其广泛的应用，为我们带来了巨大的帮助。这是因为它解决了卫星通信迫切要解决的问题，这就是 ____。

　　A.物体的运动与导航　　B.物体的运动方向

　　C.物体的运动速度　　　D.物体的定位与导航

33. 在 GPS 系统中，对 GPS 卫星时钟的频率稳定度要求极高，因而所采用的时钟都是 ____。

　　A.石英钟　　B.晶体钟　　C.电子钟　　D.原子钟

34. 使用 GPS 接收机实施定位时，必须要求接收机能同时接收到数颗 GPS 卫星的信号，所要求接收的最少卫星数是 ____。

　　A.2颗卫星　　B.3颗卫星　　C.4颗卫星　　D.5颗卫星

35. 早在多年之前，我国就已着手建立自己的全球卫星定位导航系统，这一系统的名称是 ____。

　　A.长城卫星导航系统　　　　B.伽利略卫星定位系统

　　C.格洛纳斯卫星导航系统　　D.北斗卫星导航系统

36. ____年1月，美国副总统戈尔在加利福尼亚科学中心首次提出了"数字地球"这个概念，设想把有关地球的、多分辨率的、三维的、动态的数据地理坐标集成起来，形成一个"数字地球"。

　　A. 1997　B. 1998　C. 1999　D. 2000

37. 移动通信系统是由许多部分所构成的，系统组成总共有 ____。

　　A.2个部分　　B.3个部分　　C.4个部分　　D.5个部分

38. 在移动通信中，当用手机接听电话时，此时手机正处于____。

　　A.主叫状态　　B.被叫状态　　C.待机状态　　D.运行状态

39. 第二代(2G)移动通信中，采用了与第一代(1G)完全不同的新技术，这种新技术是 ____造成的。

　　A.蓝牙技术　　B.模拟技术　　C.光电技术　　D.数字技术

40. 郑和率领的航海船队，在七下西洋的过程中，采用了一种"牵星术"，从而很好地完成船队的定位和导航。这种"牵星术"就是＿＿。

    A.指南针   B.天象观测   C.罗盘   D.周易八卦

41. 互联网创新应用和创新思考的积累，以及互联网用户强劲的独立个性的需求，促使互联网在应用层面上发生了质的变化。这种变化的重要标志体现在互联网中心已经变成为＿＿。

    A.网站   B.用户   C.信息资源   D.信息平台

42. 任何人，在任何地方，任何时间，与任何人，进行任何方式的通信，这种通信就叫做＿＿。

    A.移动通信   B.卫星通信   C.个人通信   D.网络通信

43. 在观看通信卫星的外貌图片时，我们常会发现，在通信卫星的两边都有伸出很长的平扳，这就是通信卫星的＿＿。

    A.天线   B.平衡板   C.太阳能电池板   D.机械手

二、问答题

1. 你知道下一代互联网有哪些优势吗？

2. 移动通信未来会如何发展？

3. 你知道卫星通信的未来发展吗？

4. 人类为什么要对太阳系进行探测？探测的重点有几项？

5. 深空通信的未来发展是怎样的？

6. 实现人体通信的条件有哪些？

7. 什么是人体网络？

8. 什么是人体电容器？

9. 人体通信的发展对人类有些什么影响？

10. 对植体通信最为严格的要求有哪些？

测试题答案

一、选择题

1.A　2.D　3.A　4.B　5.D　6.C　7.C　8.B　9.D　10.D
11.B　12.A　13.B　14.C　15.C　16.A　17.C　18.A　19.C　20.B
21.B　22.C　23.A　24.B　25.C　26.D　27.C　28.B　29.A　30.C
31.A　32.D　33.D　34.B　35.D　36.B　37.B　38.A　39.D　40.A
41.A　42.A　43.C

二、问答题（略）

图书在版编目 (CIP) 数据

通信奇迹 / 王明忠编写 . —上海: 少年儿童出版社,
2011.10
　(探索未知丛书)
　ISBN 978-7-5324-8930-5

Ⅰ.①通... Ⅱ.①王... Ⅲ.①通信技术—少年读物
Ⅳ.① TN91-49
中国版本图书馆 CIP 数据核字（2011）第 219127 号

探索未知丛书
通信奇迹
王明忠 编写
白云工作室 图
卜允台　张晶晶 装帧

责任编辑 黄　蔚　美术编辑 张慈慧
责任校对 黄亚承　技术编辑 陆　赟
出版 上海世纪出版股份有限公司少年儿童出版社
地址 200052 上海延安西路 1538 号
发行 上海世纪出版股份有限公司发行中心
地址 200001 上海福建中路 193 号
易文网 www.ewen.cc　少儿网 www.jcph.com
电子邮件 postmaster@jcph.com
印刷 北京一鑫印务有限责任公司
开本 720×980　1/16　印张 8　字数 99 千字
2019 年 4 月第 1 版第 3 次印刷
ISBN 978-7-5324-8930-5/N·952
定价 29.50 元